U0386969

水膜阳极热湿交换静电场
基础理论研究

常景彩 著

科 学 出 版 社

北 京

内 容 简 介

本书围绕水膜电除尘器收尘极板表面水膜和烟气间存在的传热和传质过程，系统阐明多场(静电场、温度场、湿度场等)耦合作用下收尘极板表面液膜内水分的迁移引发的静电场空间温/湿度场的演变及其对电晕放电和颗粒物荷电、改性、受力、迁移、沉积规律的影响。

本书以除尘技术研究人员应深入理解或掌握系统前沿专业理论知识为重点，力求达到理论指导实践，实现技术基础科学、应用科学的统一。对从事湿式除尘器研究、设计、咨询等方面的专业技术人员，以及高等学校环境工程专业的师生具有参考使用价值。

图书在版编目(CIP)数据

水膜阳极热湿交换静电场基础理论研究 / 常景彩著. —北京：科学出版社，2018.11
ISBN 978-7-03-059345-0

Ⅰ. ①水… Ⅱ. ①常… Ⅲ. ①水膜除尘-研究 Ⅳ. ①TU834.6

中国版本图书馆CIP数据核字(2018)第249715号

责任编辑：张 析 付林林 / 责任校对：杜子昂
责任印制：张 伟 / 封面设计：东方人华

科 学 出 版 社 出版
北京东黄城根北街 16 号
邮政编码：100717
http://www.sciencep.com
北京虎彩文化传播有限公司 印刷
科学出版社发行 各地新华书店经销
*
2018 年 11 月第 一 版 开本：720 × 1000 1/16
2019 年 2 月第二次印刷 印张：8 1/2
字数：170 000
定价：**78.00 元**
(如有印装质量问题，我社负责调换)

前　言

面对日益严格的颗粒物排放标准，湿式水膜静电除尘技术得到广泛应用。湿式水膜静电除尘器运行过程中，极板表面连续流动的水膜将其表面沉积的颗粒冲刷至灰斗。湿式水膜静电除尘器所处理的烟气成分复杂、温/湿度范围广，可配套无组织尘排放源的工业用静电除尘器(20～200℃，不饱和)；可配套湿法脱硫系统的湿式静电除雾器(50～80℃，饱和)；可用于干式静电除尘增效的错流式干湿耦合静电除尘器(80～150℃，不饱和)。在温/湿度场、速度场和静电场的耦合作用下，收尘极板表面水膜和烟气间同时进行传热和传质过程，放电空间内形成非均相分布的温/湿度场。在非均相分布的温/湿度场作用下，静电场内电晕放电、颗粒物荷电、迁移和沉积规律均发生改变。

鉴于此，本书系统阐述了多场(静电场、温度场、湿度场等)耦合作用下收尘极板表面液膜内水分的迁移，空间温/湿度场的分布及演变规律，非均相分布温/湿度场对电晕放电和颗粒物荷电、改性、受力、迁移、沉积规律的影响。

本书作为《新型电极湿式静电除尘技术研究》的后续姊妹篇，侧重反映了山东大学湿式除尘技术在基础理论研究方面所取得的系列成果。根据湿式除尘技术专业特点，本书以除尘技术研究人员应深入理解或掌握系统前沿专业理论知识为重点，从形式上采用图片和文字相结合的方式，有助于专业人员的理解和掌握，力求达到理论指导实践，实现技术基础科学、应用科学的统一。

本书共分为 6 章：

第 1 章为绪论，主要论述了高压静电场中液膜蒸发特性、水(湿度/液膜)对电晕放电特性、颗粒荷电迁移沉积特性及温/湿度场对颗粒物作用机制研究进展。

第 2～4 章为水膜极板热湿传递自身及液膜对静电场电晕放电特性影响研究。前期围绕静态静电场中收尘极板表面液膜的失重规律展开研究，阐明了极配型式及液膜属性等参数对极板表面液膜蒸发特性的影响，并提出了适用于直流静电场的液膜蒸发模型；后期借助于不同极配参数下干式和湿式水膜极板表面电晕电流密度差异的定量分析，辅以 COMSOL Multiphysics 仿真软件，系统论述了极板表面液膜对电晕放电过程中电场强度、温度和粒子(电子、离子)浓度的影响。

第 5 章以极板表面荷电颗粒电子传递及离子定向迁移为基础，分别对纤维极板表面沉积颗粒粒径分布、粉尘层堆积形貌、颗粒沉积脱落过程及关键影响因素等进行研究，明晰纤维水膜极板表面颗粒沉积脱落特性及控制粉尘层脱落的关键因素。

第 6 章描述了静电场内不同热湿交换条件下阳极液膜水分子扩散传输导致的烟气调质效应，阐明水分子趋中和水合离子趋壁这一对矛盾运动主导的空间静电场内相对湿度演变规律，以及对颗粒比电阻、黏性、相对介电常数等物化特性的影响，提出了颗粒碰撞黏结过程的团聚模型及发展机制。

特别感谢王翔博士在校期间五年如一日艰苦卓绝的努力和付出，汇集的研究成果也同时体现了山东大学能源与环境工程研究所细颗粒物控制课题组全体研究人员的智慧和心血。但由于湿式除尘技术发展时间短、基础理论研究方面起步较晚，基础薄弱且涉及面广，受研究时限和条件限制，数据难免存在误差，若本书编写存在纰漏之处，敬请广大读者批评指正，以期在本书再版时补充和修正。

著　者

2018 年 7 月

目　　录

第1章 绪 论

1.1 燃煤烟气颗粒物控制技术组成与发展历程

我国一次能源的生产和消费结构中，煤炭所占的比例保持在 70%左右，是我国的主体能源和重要的工业原料。煤炭资源为国民经济快速增长和社会平稳发展提供了可靠的能源保障。近几年，我国大力推进能源供给和消费结构的转型，能源供给结构不断优化，绿色多元化的能源供应体系正在建立；同时，清洁化、低碳化的能源消费结构取得积极进展。新能源及可再生能源的发展势头强劲，所占比例不断提升，煤炭比例持续下降(表 1-1)。截至 2017 年初，我国可再生能源发电装机容量约 5.7 亿千瓦，占总发电装机容量的 35%；非化石能源的利用量占一次能源消费总量的 13.3%，比 2010 年提高了 3.9%，可再生能源年利用总量达到5.5 亿吨标准煤。但是，煤炭作为我国最经济的一次能源的基础地位不会改变[1]，因此，在坚持以新能源、可再生能源为发展方向，不断提高比例的进程中，要把煤炭清洁高效和集约化利用发展作为重点，推动燃煤电厂的超低排放等成熟技术的利用。发展进程中相互促进，发展途径上相互耦合，推动煤炭等传统能源向清洁能源的转型既符合国情，又有较大的发展空间[2, 3]。

表 1-1 中国一次能源消费的百分率

年份	原油/%	天然气/%	原煤/%	核能/%	水力发电/%	再生能源/%	消耗总量/Mtoe*	清洁能源/%
2010	17.6	4.0	70.5	0.7	6.7	0.5	2432.2	7.9
2011	17.7	4.5	70.4	0.7	6.0	0.7	2613.2	7.4
2012	17.7	4.7	68.5	0.8	7.1	1.2	2735.2	9.1
2013	17.8	5.1	67.5	0.9	7.2	1.5	2852.4	9.6
2014	17.5	5.6	66.0	1.0	8.1	1.8	2972.1	10.9
2015	18.6	5.9	63.7	1.3	8.5	2.1	3014.0	11.9
2016	19.0	6.2	61.8	1.6	8.6	2.8	3053.0	13.0

*代表百万吨油当量

煤烟型污染物是大气污染的主要来源，煤燃烧放出能量过程中同时产生大量有害成分(如 NO_x、SO_2、颗粒物及重金属)，对环境和人体健康造成巨大危害[4, 5]。目前，我国大气污染物排放远超出了环境容量，造成大气环境危害，集中体现在覆盖范围广、持续时间长及细颗粒物浓度高的雾霾天气。事实上，目前，我国雾霾最严重的京津冀、长三角、珠三角地区每年出现霾的天数在 100 天以上，个别城市甚至超过 200 天。《2016 中国环境状况公报》中指出，全国 338 个地级及以上城市中，共有 84 个城市的环境空气质量达标，占全部城市数的 24.9%；254 个城市环境空气质量超标，占 75.1%。338 个地级及以上城市平均优良天数比例为 78.8%，比 2015 年提高了 2.1%；平均超标天数比例为 21.2%。新修订《环境空气质量标准》第一阶段实施监测的 74 个城市平均优良天数比例为 74.2%，比 2015 年上升 3.0%；平均超标天数比例为 25.8%；细颗粒物 $PM_{2.5}$ 平均浓度比 2015 年下降 9.1%[6]。鉴于雾霾对经济社会及人们身体健康的严重危害，我国政府出台了一系列措施。新修订的《环境空气质量标准》（GB 3095—2012）将细颗粒物 $PM_{2.5}$ 纳入强制监测范畴。2012 年制定了《重点区域大气污染防治"十二五"规划》。2013 年制定的《大气污染防治行动计划》，规划到 2017 年，全国地级及以上城市细颗粒物浓度比 2012 年下降 10%以上，优良天数逐年提高；京津冀、长三角、珠三角等区域细颗粒物浓度分别下降 25%、20%、15%左右，其中北京市细颗粒物年均浓度控制在 $60\mu g/m^3$ 左右。

近几年，我国中部、东部大部分国土面积经常发生重度雾霾污染，这与火电厂排放的四种污染物（PM_{10}、$PM_{2.5}$、SO_2、NO_x）均有密切关系[7-10]。据研究，大气环境细颗粒物 $PM_{2.5}$ 中由 SO_x、NO_x 转化而来的二次颗粒物（硫酸盐及硝酸盐）占 50%以上，控制治理的需求非常迫切。新版《火电厂大气污染物排放标准》（GB 13223—2011）已经颁布实施，对火力发电厂燃煤锅炉污染物排放值做了要求。随后，一些重点地区对三种污染物（烟尘、SO_2、NO_x）均提出严于国家颁布标准的指标要求，提出新建大型燃煤机组的三种污染物排放指标需达到甚至低于大型燃气轮机排放水平（$SO_2 \leq 35mg/m^3$、$NO_x \leq 50mg/m^3$、烟尘 $\leq 10mg/m^3$）。

在颗粒物控制方面，静电除尘器以其阻力小（200～500Pa）、运行成本低[0.2～0.4（kW·h）/100m³]、寿命长（≥ 20 年）、效率高（$\geq 99.9\%$）、操作简单、系统稳定性好等优点而得到广泛应用。但是，直流静电场内 0.1～1μm 粒径段内的颗粒物处于场致、扩散两种荷电机制共同作用区域[11, 12]，荷电颗粒的有效电迁移速率最低（详见图 1-1），静电场对该粒径段颗粒物的捕集效率较低，导致静电除尘器出口烟气中细颗粒物 $PM_{2.5}$ 的数量占总数 90%以上[13, 14]。

干式静电除尘器对处理烟气中粉尘颗粒比电阻（10^4～$10^{11}\Omega \cdot cm$）有一定的选择性。粉尘比电阻过低（$< 10^4\Omega \cdot cm$），在气流和振打作用下沉积粉尘重新进入烟气造成二次飞扬[16]；粉尘比电阻过高（$> 10^{11}\Omega \cdot cm$），极板表面粉尘层电荷累积，容易发生反电晕[17]，造成效率降低。粉尘堆积到一定厚度，通过机械振打、声波振荡等技术手段将粉尘层从极板表面清除，粉尘落入灰斗，清灰过程中容易造成二次扬尘。因此，对传统的静电除尘器结构的优化和升级也不能实现全工况条件下颗粒物的达标排放。

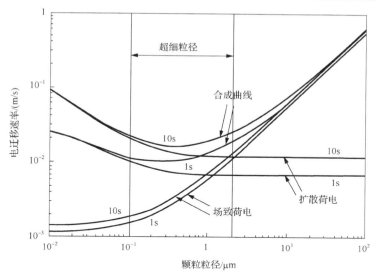

图 1-1 颗粒粒径对电迁移速率的影响[15]

为了应对新的排放标准,提高干式静电除尘器对细颗粒物 PM$_{2.5}$ 的捕集效率,国内外许多学者在干式静电除尘器的结构和工艺上做了很多研究,主要有烟气调质[18]、干湿结合、移动电极[19]、高压电源优化(高频、三相、脉冲电源)[20, 21]、振打工艺优化[22]等。同时,还开发应用了很多新型电除尘技术,包括颗粒物凝并(化学、热、光、声和电)技术[23, 24]、荷电水雾除尘技术[25]、湿式静电除尘器(WESP)[26, 27]、电袋除尘[28, 29]、低低温电除尘(LLT-ESP)技术[30, 31]等。

荷电水雾除尘技术首先使雾化的液滴在感应荷电的作用下完成荷电(图 1-2),然后喷入静电场中,带电液滴在静电引力、惯性碰撞等作用下与颗粒物相结合。一方面,雾化的液滴黏附在颗粒物上使之改性、团聚;另一方面,雾滴上的电荷

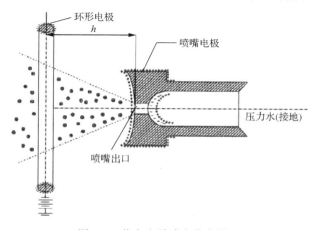

图 1-2 荷电水雾感应荷电原理

转移到粉尘颗粒上，提高了颗粒的荷电量，二者共同作用提高了干式静电场内细颗粒物的捕集效率。

湿式静电除尘器的工作原理与干式静电除尘器类似，主要区别在于清灰方式。湿式静电除尘器的收尘极板表面被连续液膜冲刷，极板表面沉积的颗粒被液膜携带冲刷进入灰斗。清灰方式的改变降低了静电除尘器对处理粉尘颗粒物比电阻的要求，沉积到收尘极板表面的颗粒在液膜表面张力、毛细力的作用下捕获并浸润，彻底消除了比电阻过高和过低及振打过程中的二次扬尘。同时，湿式静电除尘器具有更高的电晕功率，有利于静电场内颗粒物的荷电和沉积[32, 33]。目前，燃煤电厂中湿式静电除尘器主要与湿法烟气脱硫（WFGD）系统配套使用，如图 1-3 所示，用于湿法脱硫湿气体中的 SO_3 酸雾、水滴、气溶胶、Hg 等重金属的协同脱除。

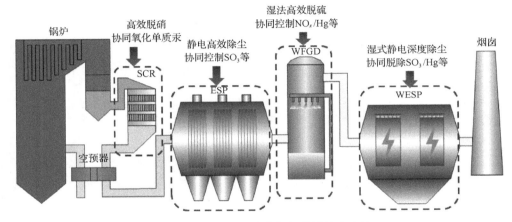

图 1-3　燃煤电厂污染物超低排放技术路线

低低温电除尘器是在干式静电除尘器的前端安装烟气换热器，将烟气温度降到烟气酸露点温度（70～130℃）以下运行的静电除尘器（图 1-4）。烟气温度降低，粉尘比电阻也随之降低，静电场内烟气量降低。烟气温度降低到酸露点以下，烟气中 SO_3 冷凝出来与水蒸气复合形成硫酸雾，硫酸雾吸附在固体颗粒表面，实现

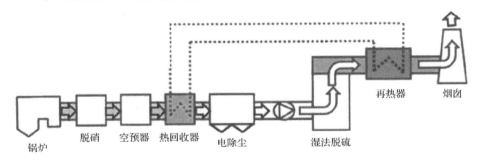

图 1-4　低低温电除尘技术用于燃煤电厂污染物超低排放技术路线

SO_3 和细颗粒物的协同脱除。低低温电除尘器在实现多种污染协同脱除的同时还能回收一部分烟气热量以节省能耗。

1.2 湿式静电除尘器热湿传递过程分析

针对干式静电除尘器对细颗粒物 $PM_{2.5}$ 脱除效率低的问题，山东大学提出一种经济高效的可应用于固定污染源颗粒物增效脱除的错流式干湿耦合静电除尘技术(ZL 201220178019.1)和水自蒸发增湿烟气装置及含有该装置的干式静电除尘器(ZL 201720032412.2)。除此之外，还将湿式水膜静电除尘技术应用于处理工业生产过程中无组织散点源尘排放的控制过程中，并且开发完成成套的工业除尘设备(ZL 201721137239.9，ZL 20162044211.9，ZL 201621194186.X，ZL 201720939812.1)。

与配套湿法烟气脱硫系统后应用的湿式静电除尘器相比，以上两种技术所涉及的烟/废气温度窗口宽且大多为不饱和态干烟/废气。在温/湿度场、速度场和静电场的耦合作用下，收尘极板液膜和烟气间同时进行传热和传质过程，放电空间内形成非均相温/湿度场。在非均相温/湿度场的作用下，静电场内电晕放电、颗粒物的荷电、迁移和沉积规律均发生改变。鉴于此，本书主要以湿式柔性水膜极板静电除尘器为研究对象，采用试验、数值模拟和理论分析相结合的研究方法对静电场、温度场、湿度场等多场耦合作用下收尘极板表面液膜内水分的迁移，空间温/湿度场的分布及演变规律，非均相分布温/湿度场对电晕放电及颗粒物的荷电、改性、受力、迁移、沉积规律的影响等问题展开研究。

1.3 湿式静电除尘器热湿传递过程研究进展

1.3.1 高压静电场中液膜蒸发特性研究进展

日本学者 Asakawa[34]于 1976 年发现高压静电场对水的蒸发具有促进作用，并把这一现象称为浅川效应(Asakawa's effect)。由于高压静电场对水蒸发和物料干燥的促进作用，国内外许多学者将高压静电场用在物料干燥过程，并开发了高压电场物料干燥技术。

季旭等[35]研究了放电电极间距对高压静电场内物料干燥速率的影响。研究结果表明，放电电极间距减小，相邻放电极间相互影响造成电场强度降低、离子动能降低，电极存在一个最佳的密度，约为 170 根/m²。Cao 等[36]研究了不同蒸发环境温度和线板距下，高压静电场中的物料干燥速率。研究结果表明，电压升高和线板距减小，物料干燥速率加快；温度较低时，外加静电场对物料干燥速率的促进作用更加明显。Lai 等[37]和那日等[38]研究了静电和热风共同作用下的物料干燥速率。研究结果表明，在静电场单独作用下，物料干燥速率与电压呈线性关系；在静电场和热风共同作用下，干燥速率受电场强度和热风风速共同影响，物料干燥效果具有叠加性。Chen 等[39]对冷态静电场中土豆片的失重规律进行了研究。研究结果表明，在静电场作用下土豆片的干燥过程服从斯米尔诺夫(Smirnov)模型，干燥加速度与干燥速率之比是时间的函数。丁昌江[40]、李法德[41]、夏彬[42]等对高压静电场作用下的物料干燥机理进行了研究。水膜内水分子的偶极矩受静电场的直接作用，水分子有往水膜表面扩散运动的趋势；同时，电晕放电离子风直接冲击液膜表面，一方面离子风撞击水分子促进了氢键的断裂，另一方面离子风冲击水膜表面提高了热质交换速率。

综上所述，高压静电场中水蒸发特性研究所涉及的技术领域大多为物料干燥，建立的数学失重模型适用于静态、冷态条件下的单电晕线放电形式。同时，研究过程仅关注物料干燥，对干燥脱水后静电场内湿度场的分布情况研究不足。湿式静电除尘器为多电晕点同时放电，极板表面液膜内水分子在温/湿度场、速度场、静电场耦合作用下扩散进入放电空间，因而以上研究结果指导意义具有局限性。因此，研究烟气与极板表面液膜间热湿传递过程中非均相分布的温/湿度场耦合作用下的液膜蒸发、放电空间内的湿度分布状态显得尤为重要。

1.3.2　水(湿度/液膜)对电晕放电特性研究进展

对于处理不饱和干烟气的湿式静电除尘器，收尘极板表面被连续水膜冲刷，水膜浸润改变了收尘极板表面粉尘层的电子输送能力；同时，收尘极板表面液膜中水分子蒸发进入静电场，对电晕放电过程有重要的影响；放电空间中悬浮的液滴黏附到阴极电晕线表面形成一层液膜，液膜浸润改变了电晕线的表面状况；从而引起电晕放电特性的改变。因此，收尘极板表面水膜的存在直接或间接地对直流静电场中电晕线的放电特性造成影响。

Fujioka 等[43]和 Messaoudi 等[44]研究了相对湿度对静电场内离子迁移率的影响，研究结果表明，电晕放电过程中自由电子与水分子复合形成水合负离子，水合负离子质量大，离子迁移率随湿度增大而增大。Robledo 等[45]和 Wang 等[46]采用试验的方法研究了气体相对湿度对负电晕起晕电压的影响，研究结果表明，负电晕的起晕电压随着相对湿度的增加逐渐减小。安冰等[47]和 Fouad 等[48]利用电晕笼研究了相对湿度对正、负电晕起晕电压的影响，研究结果表明，相对湿度增大导致正电晕的起晕电压增大，负电晕的起晕电压先增大后减小，相对湿度为 40%时，起晕电压最大。徐明铭[49]通过数学计算的方法系统地分析了相对湿度对电晕放电过程中微观物理参数(电离、附着、光子吸收系数等)的影响，并提出了考虑空气相对湿度的 Peek 修正公式(该公式以美国工程师 F. W. Peek 命名)。

综上所述，以上研究大多集中在烟气相对湿度对电晕放电特性的影响，着重考察了相对湿度对宏观参数起晕电压和电晕电流的影响，对静电场除尘器内部空间电场强度分布及离子密度分布研究不足。湿式静电除尘器极板表面被水膜浸润改变了收尘极板表面粉尘层的电子输送能力，进而改变电晕放电能力。因此，系统地研究静电场内烟气相对湿度和极板表面液膜对电晕放电的影响十分必要。

1.3.3 颗粒荷电迁移沉积特性研究进展

干式静电除尘器长期运行可使电晕电流、除尘效率下降。湿式静电除尘器收尘极板被液膜连续冲刷，极板表面堆积的粉尘层被浸润，改变了粉尘层的电子输送能力，形成表面低电阻通道，提高了电晕放电能力，使静电除尘器稳定维持在高功率运行。

Xu 等[50]对正脉冲电晕静电场中颗粒物的荷电情况及脉冲、直流复合静电场中颗粒物的脱除特性进行研究。研究结果表明，正脉冲电晕放电实现颗粒物的非对称双极性荷电：粒径大于 0.2μm 颗粒物荷负电，粒径小于 0.2μm 颗粒物荷正电。靳星[14]对静电除尘器出口逃逸的粉尘进行研究。研究结果表明，静电场对 0.1～1μm 粒径段内颗粒物的脱除效率较低，且该粒径段颗粒物的荷电量低于理论饱和荷电量，并推断其逃逸可能与颗粒荷电有关。目前，对颗粒物荷电状况的研究集中在对干式静电场中逃逸颗粒物荷电量的研究，对湿式静电场内颗粒荷电情况研究不足。

研究[51-53]表明，收尘极板表面上颗粒堆积形貌与极板表面电晕电流密度分布有密切关系，电晕电流密度较大区域，粉尘粒径较小、堆积密实，电晕电流密度较小区域，粉尘粒径较大、堆积疏松。静电场内细颗粒物优先沉积在收尘极板表面电晕电流密度较大的区域。支学艺等[54]分析了沉降在干式阳极上粉尘的吸引力、返混力及颗粒返混条件。研究结果表明，极板表面粉尘所受黏结力与极板表面电晕电流密度有关，电晕电流密度较大区域，颗粒间黏结力较大，不易返混。唐敏康和蔡嗣经[55]对粉尘颗粒在静电场中的电极化机理进行了研究。研究结果表明，静电场中粉尘颗粒是一种电介质，外加静电场使粉尘粒子中正负电荷发生相对移动产生电极化作用，粉尘粒子极化的宏观效应等效于一个偶极子。柳冠清[56]和靳星等[57]对高压静电场内颗粒堆积机理进行了研究。研究结果表明，随着堆积时间的增加，颗粒堆积数目逐渐增多，形成链状、树状等堆积结构，并指出偶极力是维持颗粒成链的主因。偶极力使已沉积颗粒对烟气中荷电颗粒起吸引作用，使沉积优先发生在已有颗粒链、颗粒树上(图 1-5)。

N_p=700个

(a) 荷电　　　　　　　　　　　　　　　　(b) 中性

图 1-5　颗粒堆积形貌

N_p 代表沉积颗粒数

　　然而，目前针对湿式静电场内颗粒荷电-沉积-脱落机理研究相对较少，在湿式柔性极板静电场内的研究更是鲜有涉及。液体在织物中的传递包括液体在织物表面浸润和在织物内部扩散两个过程[58]。液体在织物表面浸润作用增加了沉积颗粒与颗粒间的粘连强度，液体在织物内部扩散的作用降低了灰层与阳极间的黏附强度。二者综合作用，灰层生长到一定厚度后能自行从阳极整体脱落。因此，研究湿式柔性极板静电场内荷电-沉积-脱落过程具有重要意义。

1.3.4　温/湿度场对颗粒物作用机制研究进展

　　1) 温度场对细颗粒物作用机制研究进展

　　静电场内温度场对细颗粒物运动特性的影响主要体现在热泳力的作用上。国内外许多学者从试验和仿真计算的角度分别对热泳力对细颗粒物运动特性的影响进行了很多研究。当静电场内收尘极板表面近壁区域的温度低于烟气温度时，温度较高的主流区和温度较低的近壁区气体分子碰撞颗粒时传递的动量不同，使静电场内细颗粒物受到沿温度降低方向的力，温度场内细颗粒物在湍流扩散和热泳力的共同作用下向极板表面富集。刘若雷等[59]对垂直管中温度场作用下细颗粒物 $PM_{2.5}$ 的运动特性和热泳沉积规律进行了试验研究，发现热泳力是促进细颗粒物在低温极板表面发生沉积的最主要因素。Liu 等[60]、Kröger 和 Drossinos[61]对湍流边界层中颗粒的沉积现象进行了数值模拟，计算结果表明，热泳力对颗粒沉积起主要作用，而重力在颗粒沉积过程中作用不明显。付娟等[62]、Romay 等[63]、Wang 等[64]分别对温度场中湍流边界内不同粒径颗粒的沿程沉积规律进行研究，结果表明，热泳系数和热泳沉积率与颗粒粒径有关，粒径越小，温度场中颗粒的沉积率越高(5%～30%)。

　　2) 湿度场对细颗粒物作用机制研究进展

　　耿建新等[65]从两方面介绍了喷雾技术对细颗粒物增效脱除的作用机理。一方面，水雾浸润颗粒使颗粒质量增大，变得容易去除；另一方面，水雾造成局部温降与空间浓度的分布不均匀产生梯度力的作用，使颗粒间更容易团聚。Becher[66]对流化床中雾化参数对颗粒的团聚形态进行研究，结果表明，液气比、雾化量及温度的降低使颗粒间的团聚概率增加。不同参数下颗粒间的团聚方式主要有两种：一种为包衣成粒，另一种为团聚(图 1-6)。Macdonald 和 Barlow[67]研究了静电场中水分子对电晕放电过程的影响，结果表明，电场作用下极性水分子容易吸附在放电极表面形成水分子薄膜，薄膜水分中的电子迁移、偶极矩减小[68]，使电子从导体表面逸出所需要的能量更低。Nouri[69]和 Bian 等[70]研究了放电空间中的相对湿度对电晕放电的影响，结果表明，相对湿度增加使静电除尘器的起晕电压降低，并且认为电晕区有效电离系数的增大是引起起晕电压降低的主要原因。Chang 和

Wang[71]指出静电场中喷入雾滴，雾滴吸附在细颗粒物表面，对颗粒进行改性提高了细颗粒物的介电常数和其在静电场中的荷电能力。万益[72]和徐纯燕等[73]的研究结果表明，放电空间中水分子增多，电晕电离过程产生更多的自由电子，静电除尘器内部具有更高的电流密度和电晕功率。

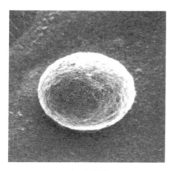
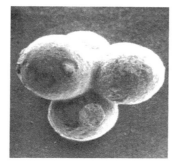

(a) 包衣结构　　　　　　　　　　　(b) 团聚结构

图 1-6　颗粒团聚形态

综上所述，静电场中的水对细颗粒物的增效脱除具有促进作用。一方面，静电场中的水提高了细颗粒物的团聚、荷电和沉积等能力；另一方面，静电场中的水提高了静电场的电晕放电能力，二者综合作用提高了静电场对细颗粒物的高效捕集能力。

国内外学者大多通过荷电水雾除尘技术和湿式静电除尘技术两种方式直接或间接在静电场中填加水来促进静电场内细颗粒物的增效脱除。

在荷电水雾除尘过程中，烟气和颗粒的性质、喷雾雾化特性、液滴的荷电特性等均对细颗粒物的捕集效率有重要作用。袁颖[74]研究了烟气流速对荷电水雾除尘技术颗粒物脱除效率的影响，结果表明，高流速提高了颗粒与水雾及颗粒与颗粒之间的碰撞概率，促进颗粒团聚；同时，高流速会破坏已经团聚的颗粒并容易造成二次扬尘。Penney[75]和 Pilat 等[76]分别对比了荷电和未荷电水雾对静电场内细颗粒物脱除效率的影响，结果表明，荷电水雾除尘技术对细颗粒物的总脱除效率（94%）高于未荷电水雾的总脱除效率（69%）。Jaworek 等[77]通过试验分析了不同电性的荷电水雾对静电场内细颗粒物脱除效率的影响，结果表明，当雾滴与细颗粒物电荷相反时，荷电水雾技术对细颗粒物的脱除效果最好（对 1μm 颗粒的脱除率为 80%～90%）。液滴荷质比可以直观地反映液滴的荷电特性。崔海蓉等[78]和 Maski 等[79]研究了荷电电压、电极间距、雾化压力等参数对感应荷电雾滴荷质比的影响，并建立了相应的感应荷电量的预测模型。周文俊等[80]、Polat 等[81]分别研究了雾滴的性质对雾滴荷电特性的影响，结果表明，雾滴中添加离子能有效提高雾滴的带电能力和电荷转移能力。

湿式静电除尘器应用日益广泛，国内外学者对其研究主要集中在收尘极板材料、极板表面成膜、水膜均布特性和静电场内污染物脱除特性几方面。湿式静电除尘器按照收尘极板种类不同，可分为金属极板、导电玻璃钢极板和柔性纤维极板三大类。

金属极板湿式静电除尘器一般借助顶端喷淋系统在收尘极板上形成均匀水膜来避免"沟流"和"干斑点"[82]；导电玻璃钢极板湿式静电除尘器利用捕集的液滴在收尘极板表面形成均匀水膜来实现极板表面自清灰[83]；常景彩[84]提出一种新型柔性单一疏水绝缘织物极板，并开发了一种水膜均布工艺(ZL 200910019222.7)，不采用雾化和其他喷淋装置，仅采用顶部供水的方法便可同时实现极板表面水膜均布和高效清灰。

为了解决传统刚性极板表面冲洗水消耗量大；水膜均布性差的问题，国内外许多学者通过表面涂覆、机械加工、激光、等离子体、表面氧化还原等方法对固体极板表面进行处理。徐纯燕[85]对刚性碳钢极板表面分别做了涂覆亲水改性和极板表面开孔处理，并且对改性后极板表面润湿机理和液体流动特性进行了系统研究。卢越琴[86]提出一种耐酸、耐碱、抗老化的新型复合高分子收尘极板，该极板利用重力协助下的毛细效应在极板表面形成均匀水膜。Tsai 等[87]通过极板表面镀膜处理工艺改善了刚性极板表面的液膜润湿特性，使接触角大大减小。

湿式静电除尘器配套湿法烟气脱硫系统用作污染物脱除的最后设备，主要用于细颗粒物 $PM_{2.5}$、脱硫石膏、液滴、SO_3 酸雾、重金属等多种污染物的协同脱除。Bayless 等[15]研究了同等工况下纤维膜极板和金属极板对颗粒物的脱除效率，结果表明，纤维膜极板比金属极板除尘效率高(对 20~25μm 颗粒的脱除率为 20%~30%)。Reynolds[88]分别测试了金属极板和纤维膜极板湿式电除尘器对多种污染物的脱除效率，结果表明，湿式电除尘器对 SO_3 酸雾的脱除效率约为 90%(表 1-2)。

表 1-2 湿式电除尘器对污染物的脱除效率 (单位：%)

阳极材料	SO_3 酸雾	$PM_{2.5}$	单质 Hg	氧化态 Hg	颗粒态 Hg
金属	88	93	36	76	67
纤维膜	93	96	33	82	100

综上所述，荷电水雾除尘技术和湿式静电除尘技术对比干式静电除尘技术，对细颗粒物的增效脱除具有明显效果。目前，研究大多局限在冷态条件下静电除尘器模型对颗粒物脱除效率的宏观描述，对静电场中水与颗粒物及颗粒物与颗粒物间的相互作用机制分析不足。湿式静电除尘器在处理不饱和烟气时，烟气与极板表面液膜进行着强烈的传热、传质过程，因而以上研究结果均不具有指导意义，无法直接应用。因此，研究烟气与极板表面液膜间热湿传递过程中非均相分布的温/湿度场耦合作用下的液膜蒸发、温/湿度演变规律、颗粒团聚、颗粒间粘连强度，以及颗粒物在非均相分布的温/湿度场中的荷电、迁移、沉积规律显得尤为重要。

1.4 本书构思与主要内容

湿式水膜静电除尘器在处理不饱和热干烟/废气时，在温度场、湿度场、速度场和静电场的耦合作用下，收尘极板液膜和烟气间同时进行传热和传质过程，放电空间内形成非均相分布的温/湿度场。本书主要针对静电场、温度场、湿度场等多场耦合作用下收尘极板表面液膜内水分的迁移，空间温/湿度场的分布及演变规律，非均相分布温/湿度场对电晕放电及颗粒物的荷电、改性、受力、迁移、沉积规律的影响等问题展开研究。本书研究旨在揭示收尘极板液膜和烟气间热湿传递过程对细颗粒物荷电、迁移、沉积规律的完整描述，阐明其对细颗粒物增效脱除的作用机理，明晰其与颗粒荷电、荷电颗粒迁移、受力状态的关联关系。研究结论有望对湿式水膜静电除尘技术发展形成有益的补充。

本书所述研究的框架思路如图1-7所示，主要包含四个模块，具体研究内容如下。

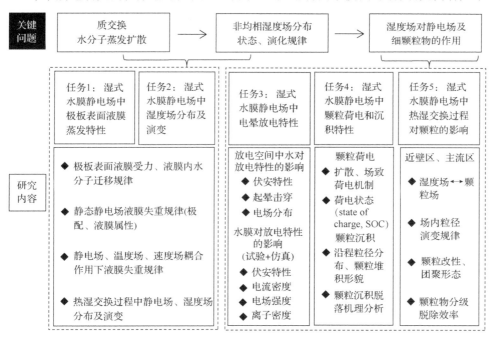

图 1-7 本书研究框架结构示意图

(1)围绕静态静电场中收尘极板表面液膜蒸发特性展开研究，考察了极配参数(电压、异极间距、电极间距等)及液膜属性(浓度、成分等)等参数对极板表面液膜蒸发的影响，并提出了适用于直流静电场的液膜蒸发模型。在此基础上，着重研究了静电场、温度场、速度场耦合条件下的液膜失重规律，并分析了多场协同作用下液膜蒸发的主导作用机制。

（2）围绕干式碳钢和湿式水膜极板静电场中极板表面电晕电流密度分布的差异，从烟气湿度和极板表面液膜两方面对静电场中电晕放电特性进行试验研究，定量分析了不同极配参数下干式碳钢和湿式水膜极板表面电晕电流密度的差异。同时，利用 COMSOL Multiphysics 仿真软件对干式碳钢和湿式水膜极板静电场内电晕放电过程进行数值模拟，着重考察了极板表面水膜对电晕放电过程中电场强度、电子温度和粒子（电子、离子）浓度的影响。

（3）分析了干式碳钢和湿式水膜极板静电场中颗粒物的荷电和荷电颗粒在干、湿收尘极板表面堆积形貌、粒径分布特性及沿程沉积颗粒的粒径演变规律。对于湿式水膜极板，水膜浸润粉尘层改变了粉尘层的电子输送能力，形成表面低电阻通道。以电子在沉积颗粒间的迁移传递、颗粒电极化和纤维织物中的液体扩散过程为基础，分析了湿式水膜极板表面颗粒沉积、长大及脱落机理，明确了极板表面水膜在颗粒物荷电、堆积和脱落过程中的作用。

（4）研究了烟气与湿式水膜极板表面热湿交换过程中，水膜内水分子的扩散和迁移规律，明晰了热湿传递过程中静电场内温/湿度场的分布及沿程演变规律。此外，对烟气中颗粒物的粒径分布和脱除特性进行研究，明确了静电场中热湿交换过程对颗粒物团聚特性的作用机制。同时，以出口烟气中团聚体的表面微观形貌为基础，探讨了颗粒物在烟气中水作用下的团聚模型及发展机理。

第2章 静电场中极板表面液膜湿分传递特性研究

　　面对日益严格的排放标准,湿式静电除尘技术得到广泛应用。在实际应用中,湿式静电除尘器涉及的烟气温/湿度范围广,其中,有针对散点源无组织排放颗粒物的工业用湿式电除尘器(20~50℃);配套湿法烟气脱硫的湿式静电除雾器(50~80℃);用于干式静电除尘器除尘增效的干湿耦合静电除尘器(80~150℃)。在湿式静电除尘器工作过程中,极板表面液膜连续冲刷,收尘极板表面液膜与主流烟气间存在温/湿度差异,烟气与极板表面液膜同时进行传热和传质过程。极板表面液膜中的水分子在温度场、速度场和静电场的诱导下扩散进入主流烟气。不同的极配、运行参数和极板表面液膜物性均会导致极板表面液膜蒸发速率的不同。因此,本章主要围绕直流静电场作用下极板表面液膜的蒸发特性开展研究,分别考察了静电场中极配参数(线板距、芒刺间距、极板电阻)、运行参数(电压、烟气温度和流速)和液膜物性(液膜种类、浓度)对极板表面液膜蒸发特性的影响,分析揭示了直流静电场作用下收尘极板表面液膜的蒸发规律,着重研究了温度场、速度场和静电场耦合作用下收尘极板表面液膜蒸发速率的主导作用机制,为湿式水膜静电场内部颗粒荷电迁移规律的研究提供理论支撑。

2.1 高压静电场中极板表面液膜蒸发原理

　　液膜内水分子做不规则热运动,气流流过液膜表面,在靠近液膜表面区域,形成一个温度与液膜表面温度相同的饱和空气边界层,边界层内水蒸气分压由边界层的饱和空气温度决定。液膜表面边界层内水蒸气分压大于气流的水蒸气分压时,在水蒸气压差的驱动下,边界层内的水蒸气分子向气流中扩散,使液膜表面边界层内的水蒸气分压力降低,为保持空气边界层内水蒸气饱和,液膜内的水分子汽化逸出水面,进入空气边界层,造成极板表面液膜蒸发[89]。液膜蒸发量与饱和水蒸气压差成正比,与表面气压成反比,随着烟气流速的增大而增大,即[90,91]

$$Q = f(v)(p_0 - p_z) / p \tag{2-1}$$

式中,Q 为单位时间内液膜表面水蒸发量;$f(v)$ 为与气流流速有关的函数;p_0 为液膜表面温度对应的饱和水蒸气分压;p_z 为主流流体的实际水蒸气分压;p 为液膜表面气压。

　　与液膜表面温度、气流湿度和气流流速相比,液膜表面气压对液膜蒸发量的

影响可以忽略，故式(2-1)可以简化为

$$Q = f(v)(p_0 - p_z) \qquad (2-2)$$

液膜表面气流流速 v 作为水蒸气输移的主要动力，流速加大使液膜表面蒸发量增大。当气流流速较小[$v \leqslant v_1$，v_1 满足 $d^2 f(v)/dv^2 = 0$]时，液膜蒸发处于自由对流向强迫对流过渡的时期，流速加大对液膜蒸发加强作用非常明显；当气流流速较大($v \geqslant v_1$)时，液膜蒸发极为强盛，液膜表面散失热量使温度降低，对液膜蒸发产生一定的抑制作用。因此，根据气流流速提出了两种流速函数[92]：

$$f(v) = A + Bv^{\alpha_1} \qquad (v < v_1) \qquad (2-3)$$

$$f(v) = C + Dv^{\alpha_2} \qquad (v \geqslant v_1) \qquad (2-4)$$

式中，$\alpha_1 = (2-m)/(2+m)$，m 为风剖面参数，一般为 $1/8 \sim 1/7$；A、B、C、D 均为常数。

直流电晕放电过程中，静电场中电子崩产生大量游离的电子和离子。带电离子在静电场中受到电场力的作用而获得一定的能量，沿静电场方向做定向运动，产生加速度并具有一定的速度，产生离子风。在没有主流流动时，离子风直接指向收尘极板[93,94]，对收尘极板表面液膜产生冲击作用，减小了液膜表面边界层厚度，提高了传热和传质速率[95-97]。除此之外，极性水分子在非均匀静电场中会被极化，在静电场力的推动作用下做定向移动，使液膜内部的水分子不断传输到液膜表面[98,99]。

直流电晕放电区内离子风的速度和电场强度之间的关系可以由式(2-5)表示[100]：

$$v_{ion} = (2\varepsilon_0/\rho)^{1/2} E \qquad (2-5)$$

式中，v_{ion} 为离子风速度，m/s；ε_0 为真空介电常数，$\varepsilon_0 = 8.851 \times 10^{-12}$F/m；$\rho$ 为空气密度，kg/m^3；E 为电场强度，V/m。

2.2　试验系统及材料

直流静电场作用下收尘极板表面液膜蒸发试验系统如图 2-1 所示。该系统主要由三部分组成：直流电晕放电系统、液膜失重测试系统和数据采集分析系统。

直流电晕放电系统主要由负极性直流高压电源(大连泰思曼科技有限公司，TRC2020N70-150)、针电晕线和蒸发皿状不锈钢托盘(内径 80mm，深度 10mm)组成。针电晕线与高压电源直接连接，不锈钢托盘与接地端中间串联微电流表。针电晕线的布置形式和不锈钢托盘内液膜的种类可以根据试验条件进行调整。其中，针电晕线的布置形式如图 2-2 所示。绝缘板固定在聚四氟乙烯升降支架上，调节升降支架上绝缘板对地距离可以调节针电晕线与不锈钢托盘间的异极间距 H。绝缘板上每间隔 1cm 开有 1 个针电极孔（直径 2mm），共开有 9 个。针电晕线穿过针电极孔嵌装在绝缘板上，通过调节绝缘板上针电晕线的数目可以调节针电极间距 d。试验过程中该部分放置于静态恒温箱内部。

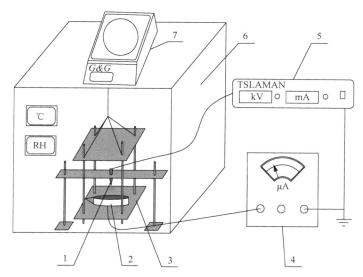

图 2-1　直流静电场作用下收尘极板表面液膜蒸发试验系统
1.针电晕线；2.极板；3.支撑框架；4.微电流表；5.高压电源；6.恒温箱；7.精密电子天平

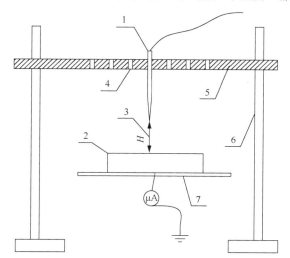

图 2-2　针电晕线的布置形式
1.针电晕线；2.不锈钢托盘；3.异极间距；4.针电极孔；5.绝缘板；6.升降支架；7.支撑框架

液膜失重测试系统主要由精密电子天平(常熟市双杰测试仪器厂, JJ500, 以下简称电子天平)和微电流表(北京恒奥德仪器仪表有限公司, ZH-DH8231)两部分组成。支撑框架通过细线悬挂在电子天平底部挂钩上(图 2-1), 电子天平对托盘内液膜的质量进行称量。数据采集分析系统主要由计数软件和计算机组成, 间隔 30s 对静电场中托盘内液膜的质量进行实时测量。

本章主要选择了自来水、硫酸铵溶液(分析纯≥99.0%, 国药集团化学试剂有限公司)作为收尘极板表面液膜, 对其在直流静电场中的失重规律进行研究。

2.3   极板表面液膜在非均匀直流静电场中的受力分析

静电场中的导体和电介质都受到电场的直接作用。一方面, 非均匀直流静电场中收尘极板表面的液膜受到高压静电场中离子风对液膜表面冲击力 f_1 的作用; 另一方面, 液膜内的电介质极性水分子在静电场中被极化[101], 液膜还受到极化静电力 f_3 的作用。导体接地极板在静电场的作用下其表面出现感应电荷, 在静电场中受到感应静电力 f_2 的作用。收尘极板及其表面液膜在冲击力 f_1、感应静电力 f_2、极化静电力 f_3 的作用下达到平衡, 如图 2-3 所示[102, 103]。

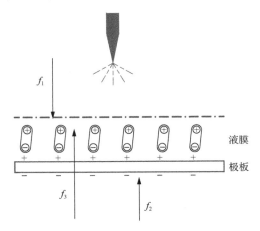

图 2-3   收尘极板及其表面液膜在非均匀直流静电场中的受力分析

在静态条件下, 分别研究了静电场中支撑框架、不锈钢托盘和收尘极板表面液膜等几种条件下电子天平的示数随外加电压的变化情况。当电子天平上不悬挂支撑框架时, 其示数不随电压升高而变化, 表明恒温箱金属外壳的屏蔽作用可以有效屏蔽电晕放电对电子天平的干扰, 外加静电场不会对电子天平的称量结果造成影响。

1. 支撑框架在非均匀直流静电场中的受力

将介电常数较大的聚四氟乙烯绝缘支撑框架悬挂在电子天平上，放入静电场中。由图 2-3 可知，静电场中电介质聚四氟乙烯绝缘支撑框架被极化，所受感应静电力 f_2 的作用可以忽略（即 $f_2 \approx 0$）。电晕电压为 0kV 时，电子天平的示数调为 0mg，随后调节电晕电压并记录电子天平和高压电源显示面板上的电流示数，得到绝缘支撑框架在静电场中质量和电晕电流随电晕电压的变化关系，如图 2-4 所示。由图 2-4 可知，电晕电压高于 10kV 后，电子天平的示数均大于 0mg；电晕电压由 10kV 增大到 35kV，电子天平的示数从 0.08mg 增大到 0.89mg，表明电子天平的示数随电晕电压升高而增大。图 2-4 中直线为拟合得到的电子天平示数和电晕电压的线性函数关系，拟合结果的相关系数 R 在 0.99 以上，拟合效果较好。研究结果表明，绝缘支撑框架在静电场中受到垂直向下的合力作用，该合力的大小与电晕电压呈线性正相关关系，电晕电压越高该合力作用越大。其主要原因为，非均匀直流静电场产生的离子风运动到绝缘支撑框架表面后，对绝缘支撑框架有冲击力 f_1 的作用；电晕电压越高，离子风对绝缘支撑框架表面的冲击力 f_1 越大。冲击力 f_1 与电晕电压呈正相关关系，即 $f_1 \propto U$。

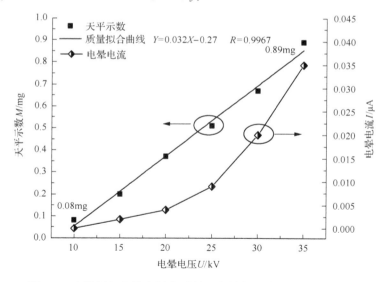

图 2-4　支撑框架在静电场中质量和电晕电流随电压的变化关系

2. 不锈钢托盘在非均匀直流静电场中的受力

将不锈钢托盘放到绝缘支撑框架上并悬挂在电子天平上，一起放入静电场中。由图 2-3 可知，非均匀直流静电场中不锈钢托盘和绝缘支撑框架在冲击力 f_1、感

应静电力 f_2、极化静电力 f_3 三个力的作用下达到平衡。电晕电压为 0kV 时，电子天平的示数调为 0mg，然后调节电晕电压并记录电子天平和串联在不锈钢托盘上微电流表的示数。图 2-5 为静电场中不锈钢托盘的质量随电晕电压的变化。由图 2-5 可知，电晕电压从 10kV 增大到 20kV，电子天平的示数从 0.03mg 升高为 0.13mg；电晕电压从 20kV 增大到 35kV，电子天平的示数从 0.13mg 降低为 0.05mg。电子天平的示数随电晕电压升高呈先增大后减小趋势。研究结果表明，静电场中的不锈钢托盘和支撑框架整体在垂直方向上受到先增大后减小的合力作用。

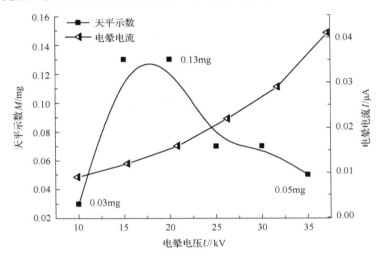

图 2-5   不锈钢托盘和支撑框架整体在静电场中质量和电晕电流随电压的变化关系

其主要原因为，静电场中不锈钢托盘和绝缘支撑框架在冲击力 f_1、感应静电力 f_2、极化静电力 f_3 三个力的作用下达到平衡，冲击力 f_1 和感应静电力 f_2 的作用方向相反，如图 2-3 所示。其中，导体托盘表面感应的电荷密度 ρ 与电场强度 E 成正比，即 $\rho \propto E$，感应静电力 f_2 与电场强度 E 的二次方成正比，即 $f_2 \propto E^2$。电压较低时，静电场中导体托盘表面的感应电荷密度 ρ 较低，此时，冲击力 f_1 对不锈钢托盘的冲击作用大于感应静电力 f_2 的吸引作用，即 $f_1 > f_2$。因此，电晕电压从 10kV 增大到 20kV，静电场中不锈钢托盘在垂直方向上的受力逐渐增大，电子天平的示数逐渐增大。随电晕电压升高，电场强度增大，导体表面感应的电荷密度增大，感应静电力 f_2 增大，且增长速度大于冲击力 f_1，冲击力 f_1 与感应静电力 f_2 的差距变小。因此，电晕电压从 20kV 增大到 30kV，静电场中不锈钢托盘在垂直方向上的受力逐渐减小，电子天平的示数随电晕电压升高逐渐减小。

3. 收尘极板表面液膜在非均匀直流静电场中的受力

静电场作用下液膜内极性水分子出现极化现象，液膜内水分子中的氢原子和氧原子有了明显的排列趋势，电偶极矩不为 0，液膜内水分子主要受到极化静电力 f_3 的作用，如图 2-3 所示。将不锈钢托盘中装入不同质量（20mg、30mg、40mg）的水，悬挂在电子天平上，放入静电场中，试验过程中托盘的液膜面积保持一致。当电晕电压为 0kV 时，电子天平的示数为 0mg，随后调节电晕电压，得到不同电晕电压下电子天平的示数，如图 2-6 所示。

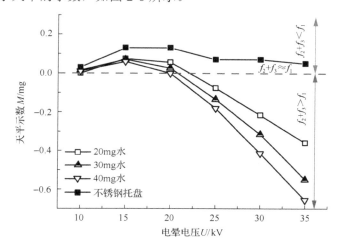

图 2-6　收尘极板表面液膜在静电场中质量随电晕电压的变化关系

　　由图 2-6 可知，液膜初重为 20mg 时，电晕电压由 10kV 增大到 15kV，天平示数由 0mg 增大为 0.075mg；电晕电压由 15kV 增大到 35kV，天平示数由 0.075mg 减小为–0.36mg。结果表明，随着电晕电压升高，液膜在静电场中的受力曲线与托盘在静电场中的受力曲线形状相似。液膜在垂直方向上受到先增大后减小的合力的作用，并且该合力最终变为负值。同一电晕电压下，液膜在静电场中的质量明显小于托盘。

　　其主要原因是水为电介质，托盘中加入水后增大了托盘在垂直方向上极化静电力 f_3 的大小，托盘在垂直方向的合力减小。当天平示数为 0mg 时，表示液膜受到的冲击力 f_1 与感应静电力 f_2 和极化静电力 f_3 三个力基本达到平衡，即 $f_2+f_3≈f_1$。随着液膜质量的增大，同一电晕电压下天平的示数逐渐降低；液膜为 20mg 时，电晕电压为 22kV 时达到受力平衡。液膜为 40mg 时，电晕电压为 20kV 时托盘中的水达到受力平衡。随着托盘中液膜质量的增加，液膜达到受力平衡的电晕电压降低。这主要是因为极化静电力 f_3 与液膜体积有关，液膜质量增加，液膜体积增加，液膜在静电场中受到的极化静电力 f_3 增大[104]。研究结果表明，静态直流静电场作用下，液膜内极性水分子直接受到静电场的作用产生极化静电力 f_3。该极化力使水分子的运动变得活跃，液膜内水分子有向放电空间迁移运动的倾向[105,106]（图 2-7），促进了水分子从液膜内部向气液界面传输。

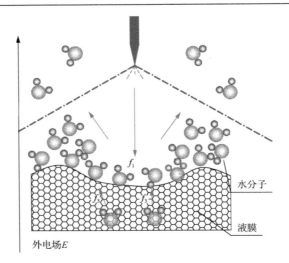

图 2-7　静电场中收尘极板表面液膜内水分子输运途径

2.4　湿式水膜静电场中极板表面液膜蒸发特性

电晕放电过程中，离子的定向移动产生离子风。离子风对收尘极板表面液膜产生冲击作用，减小了液膜表面边界层厚度，提高了烟气与极板表面液膜表面间的传热传质速率，促进了极板表面液膜的蒸发速率。实际应用中，电晕线的结构参数和极配方式多种多样，为研究直流静电场作用下收尘极板表面液膜的蒸发特性，首先选取自来水作为研究对象。在图 2-1 试验系统的托盘中加入自来水（15～30mg），托盘内底面形成一层均匀液膜。液膜的原始质量（m_0）定为 100%，在不同条件下实时记录静电场中托盘内液膜的失重规律。本小节主要在静态静电场中研究直流静电场作用下运行电压 U、异极间距 H、芒刺间距 L 和极板电阻 R 等因素对极板表面液膜蒸发特性的影响。试验过程中，环境温度为 15℃，相对湿度为 25%。

2.4.1　电压对极板表面液膜蒸发特性的影响

图 2-8 为不同电压作用下静电场中液膜质量（m_t）随时间的变化，其中对照组为自然蒸发状态下液膜质量随时间的变化。由图可知，静电场作用下液膜质量随时间呈线性下降关系。当电压为 5kV 时，液膜质量随时间的变化与对照组基本一致；电压高于 10kV 后，同一时间下静电场作用下的液膜质量明显低于对照组。在 100min 时，自然蒸发状态下液膜质量减少 5%，电压为 15kV 时液膜质量减少 23%，电压为 25kV 时液膜质量减少 35%。结果表明，静电场作用下的液膜蒸发为等速蒸发过程。同一时刻下，电压越高液膜质量越小，极板表面液膜蒸发速率越大，且蒸发速率与静电场的电压呈正相关关系。

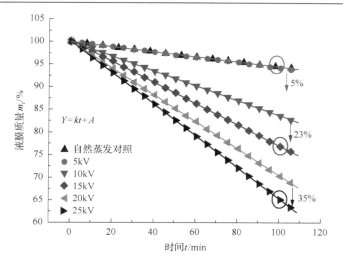

图 2-8　电压对收尘极板表面液膜蒸发特性的影响

T=15℃，H=5cm，RH=25%，m_0=15mg

其主要原因为，电晕放电过程中产生离子风，离子风对极板表面的液膜表面具有冲击作用，减小了液膜表面湿度边界层的厚度，提高了气流与液膜之间的传热传质速率[107, 108]；电晕电离产生离子碰撞并沉积到液膜表面，离子能量传递给水分子，引起链状水分子间的氢键断开，使链状大分子断裂成许多具有活性的小体积水分子[101]。另外，不均匀静电场中，气液分界面处的水分子受到极化力的作用，该作用力使水分子更容易从水面脱离出来[107]。三者综合作用使静电场中极板表面液膜中水分子的运动变得活跃，液膜蒸发速率变快。电压越高，液膜中水分子的运动状态越活跃。

为了定量研究电压对液膜蒸发特性的影响，将不同电压下液膜中水分含量与时间进行拟合处理得到不同电压下的液膜失重函数，如表 2-1 所示。其中，拟合函数中的 t 为时间，min；Y 为液膜质量函数，%；斜率 k 可以表示不同工况下液膜的蒸发速率。拟合函数的相关系数均在 0.99 以上，静电场作用下液膜质量随时间呈线性下降关系，拟合效果较好。

表 2-1　不同电压下液膜失重拟合函数

电压/kV	液膜失重函数 $Y=kt+A$	相关系数 R
0	A=99.970　k = −0.055 07	0.998 93
10	A=100.06　k = −0.163 38	0.999 91
15	A=100.32　k = −0.232 88	0.999 86
20	A=100.07　k = −0.295 33	0.999 92
25	A=100.18　k = −0.348 47	0.999 97

注：电压为 5kV 时未起晕，与自然蒸发时重合

图 2-9(a)为电压与总电晕电流的关系。由图可知,电晕放电发生后电晕电流随电压增大呈指数增长。图 2-9(b)中散点为 5 个电压(0kV、10kV、15kV、20kV、25kV)下收尘极板表面液膜蒸发速率 k。由图 2-9(b)可以看出,电压由 0kV 增大到 25kV 时,液膜的蒸发速率由 0.052%/min(7.8μg/min)增长到 0.35%/min(52.5μg/min)。研究结果表明,静电场作用下的液膜蒸发速率与电压呈正相关关系,蒸发速率 k 与电压 U 呈线性相关关系。图 2-9(b)中虚线为拟合得到的蒸发速率 k 与电压 U 的函数关系,拟合函数相关系数在 0.99 以上,拟合效果较好。由图 2-9(b)中拟合函数关系可以合理预测静电场中不同电压作用下收尘极板表面液膜的蒸发速率。

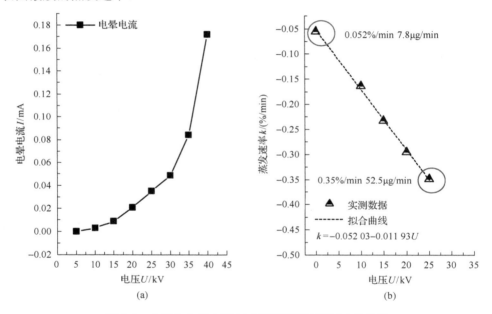

图 2-9　电压与电晕电流(a)和液膜蒸发速率(b)的关系

T=15℃,H=5cm,RH=25%,m_0=15mg

为了验证图 2-9(b)中拟合直线的准确性,在 3 个电压(30kV、35kV、40kV)下比较了试验测得的与理论计算得到的液膜中水分含量,如图 2-10 所示。图 2-10 中散点为不同时间下试验测得的液膜中水分含量,直线为拟合计算得到的失重函数。由图可以看出,3 个电压下试验测试的结果均匀分布在理论计算的失重函数两侧。试验测试结果与理论计算曲线的对比结果表明,计算得到的失重函数基本可以反映不同电压作用下的极板表面液膜的失重规律,说明图 2-9(b)中拟合得到的电压与蒸发速率的一次函数关系是有效的。

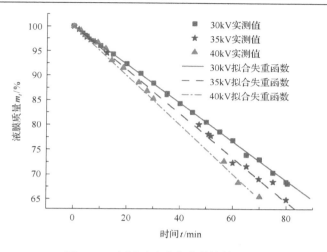

图 2-10　电压对液膜蒸发特性的影响

T=15℃，H=5cm，RH=25%，m_0=15mg

2.4.2　异极间距对极板表面液膜蒸发特性的影响

图 2-11 是电压为 15kV 不同异极间距（3cm、5cm、7cm、10cm）下，静电场中液膜质量随时间变化的关系。由图 2-11 可知，不同异极间距下，液膜中水分含量随时间的变化规律与电压下相似，静电场作用下液膜中水分含量随时间呈线性下降关系，液膜蒸发为等速蒸发过程。在 20min 时，异极间距由 10cm 减小为 3cm，收尘极板表面液膜中水分含量由 95.5%减小为 90.6%，经过相同时间，液膜中水分含量下降了 4.9%。其中，失重曲线斜率 k 表示不同异极间距下静电场中液膜的

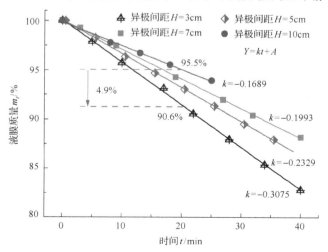

图 2-11　不同异极间距下液膜蒸发特性

T=15℃，U=15kV，RH=25%，m_0=15mg

蒸发速率，异极间距由 10cm 减小为 3cm，蒸发速率由 0.1689%/min 增大为 0.3075%/min。研究结果表明，同一时间下，异极间距越小，液膜中水分含量越小，液膜失重曲线的斜率越大，液膜蒸发速率越快。其主要原因为，相同电压下，放电点与收尘极板间的异极间距减小，空间静电场的平均电场强度增大，电场力驱动下的离子风的风速增大，离子风对极板表面液膜的冲击作用增强，提高了液膜表面与放电空间的传热传质速率。

　　为了定量研究异极间距对液膜蒸发特性的影响，分别求得多个电压（10kV、15kV、20kV、25kV）和异极间距（3cm、5cm、7cm、10cm）下收尘极板表面液膜在静电场中的蒸发速率。图 2-12（a）为 4 种异极间距下收尘极板表面液膜蒸发速率 k 与电压 U 的关系。由图 2-12（a）可知，同一异极间距下，收尘极板表面液膜蒸发速率 k 与电压 U 呈线性相关关系。当电压为 25kV 时，异极性距从 3cm 变为 5cm，蒸发速率从 0.43%/min（64.5μg/min）降为 0.34%/min（51μg/min）；异极间距从 7cm 变为 10cm，蒸发速率从 0.30%/min（45μg/min）降为 0.24%/min（36μg/min）。研究结果表明，当电压一定时，异极间距增大，液膜蒸发速率降低。极板表面液膜蒸发速率的降低速度随着异极间距的增大变慢。图 2-12（b）为图 2-12（a）中蒸发速率与电压拟合直线的斜率与异极间距的关系。

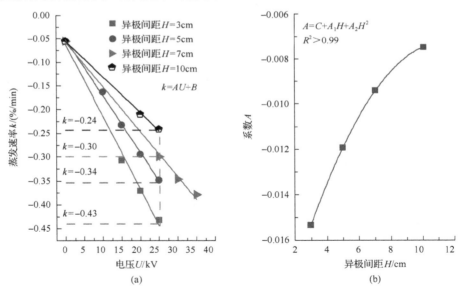

图 2-12　不同异极间距下极板表面液膜蒸发速率函数

T=15℃，RH=25%，m_0=15mg

　　对以上试验结果及分析过程进行整理分析，得到单电晕线放电系统中收尘极板表面液膜在不同电压和异极间距下蒸发速率的理论分析值，如图 2-13 所示。图 2-13 中散点为试验实测得到的试验值。对比试验数据和理论值可以发现，试验数据与理论计算值吻合度较好，理论计算蒸发速率函数可以很好地反映单电晕线放电系统中收尘极板表面液膜的蒸发速率。

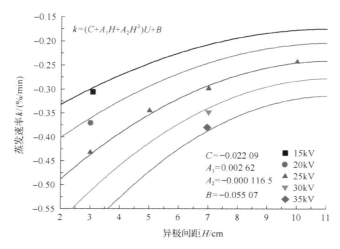

图 2-13 单电晕放电系统收尘极板表面液膜蒸发速率函数

T=15℃，RH=25%，m_0=15mg

综上所述，静态静电场作用下的收尘极板表面液膜蒸发为等速蒸发过程，极板表面液膜失重函数 Y 为一阶线性函数，极板表面液膜中水分含量 Y 与液膜蒸发速率 $k_{(U,H)}$ 的关系如式 (2-6) 所示：

$$Y=k_{(U,H)}t+A \tag{2-6}$$

收尘极板表面液膜蒸发速率 $k_{(U,H)}$ 的关系如式 (2-7) 所示：

$$k_{(U,H)}=(C+A_1H+A_2H^2)U+B \tag{2-7}$$

由式 (2-7) 可知，$\mathrm{d}k_{(U,H)}/\mathrm{d}U>0$，表明静态静电场中离子风作为水蒸气输移的主要动力，电压增大对极板表面液膜蒸发速率加强的作用非常显著；$\mathrm{d}^2k_{(U,H)}/\mathrm{d}U^2=0$，表明电压增加对极板表面液膜蒸发加强的作用较稳定，因此静态静电场作用下的极板表面液膜蒸发是强迫对流为主的阶段。$\mathrm{d}k_{(U,H)}/\mathrm{d}H<0$，表明异极间距增大，收尘极板表面液膜蒸发速率降低；$\mathrm{d}^2k_{(U,H)}/\mathrm{d}H^2<0$，表明异极间距较大时，极板表面液膜蒸发速率的降低速度随着异极间距的增大变慢。

2.4.3 芒刺间距对极板表面液膜蒸发特性的影响

郭尹亮等[109]对单根芒刺在收尘极板上的电晕电流密度分布进行了理论和试验研究，指出单根芒刺对应收尘极板上的电晕电流密度分布符合 n=4 的瓦博格

（Warburg）电流 τ 分布模型，在圆锥角大于 120° 的范围内，由电晕电场形成的电流体力学效应消失；McKinney 等[110]和 Guo 等[111]分别研究了相邻芒刺对电晕放电特性的影响，指出相邻芒刺间的电晕放电会相互干扰，造成芒刺表面电场强度减弱，收尘极板表面电晕电流密度降低，电晕电流密度分布偏离 τ 模型，如图 2-14 所示。

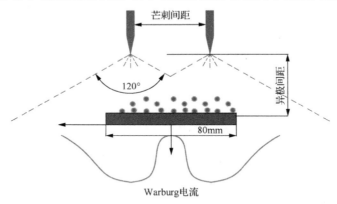

图 2-14　双电晕放电系统收尘极板表面液膜蒸发速率函数

　　调节绝缘板上两相邻针电极在针电极孔的相对位置来调节芒刺间距。在 5 个芒刺间距（1cm、2cm、3cm、4cm、5cm）下分别测试了不同时间下静电场中的液膜质量。

　　图 2-15 为 5 个芒刺间距（1cm、2cm、3cm、4cm、5cm）下，收尘极板表面液膜中水分含量在静电场中随时间变化的关系。由图可以看出，静电场中不同芒刺间距下的液膜中水分含量随时间的变化规律一致，液膜中水分含量随时间呈线性下降，收尘极板表面液膜蒸发为等速蒸发过程。同一时间下，芒刺间距 $L=5\text{cm}$ 时，

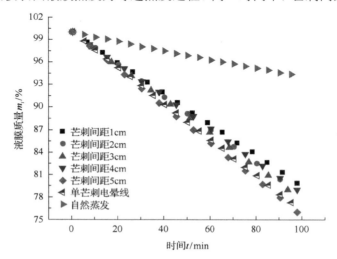

图 2-15　芒刺间距对收尘极板表面液膜蒸发特性的影响

$T=15℃$，$H=5\text{cm}$，$RH=25\%$，$m_0=15\text{mg}$，$U=15\text{kV}$

收尘极板表面液膜中水分含量最低，其次是单芒刺电晕线；芒刺间距 L=1cm 时，静电场作用下收尘极板表面液膜中水分含量最高。研究结果表明，芒刺间距对极板表面液膜蒸发速率的影响比较复杂，芒刺间距 L 为 1cm、2cm、3cm、4cm 时，收尘极板表面液膜蒸发速率低于单芒刺电晕线，芒刺间距 L 为 5cm 时，收尘极板表面液膜蒸发速率高于单芒刺电晕线。为揭示芒刺间距对收尘极板表面液膜中水分蒸发速率的影响规律，将图 2-15 中不同芒刺间距下的散点拟合获得失重曲线，得到各芒刺间距下的液膜蒸发速率。

图 2-16(a) 为芒刺间距与高压电源总输出电晕电流的关系。图中虚线为单芒刺电晕线对应的高压电源总输出电晕电流。由图 2-16(a) 可知，芒刺间距小于 3cm 时，双芒刺电晕线的总电晕电流小于单芒刺电晕线；芒刺间距大于 3cm 时，双芒刺电晕线的总电晕电流大于单芒刺电晕线。对于双芒刺电晕线来说，芒刺间距为 1cm 时，总电晕电流为 0.006mA；芒刺间距为 5cm 时，总电晕电流为 0.011mA。芒刺间距由 1cm 增大到 5cm，总电晕电流提高了约 83.3%。研究结果表明，芒刺尖端数目增加，可以提高电晕线的放电能力和电晕电流，但当芒刺间距过小，相邻芒刺间电晕放电会相互抑制[112,113]，降低单个芒刺尖端的放电能力，芒刺中间电晕电流密度迅速减小，从而造成双芒刺电晕线的总电晕电流低于单芒刺电晕线。随着芒刺间距的增大，相邻芒刺间的电晕放电抑制作用逐渐减弱，因此随着芒刺间距的增大，总电晕电流逐渐增大。图 2-16(b) 为芒刺间距与极板表面液膜蒸发速率的关系。图中虚线为单芒刺电晕线对应的极板表面液膜蒸发速率。由图 2-16(b) 可知，芒刺间距由 1cm 增大到 5cm，收尘极板表面液膜中水分蒸发速率由 0.205 15%/min（30.8µg/min）增大到 0.240 27%/min（36µg/min），蒸发速率提升了 17.1%。芒刺间距小于 5cm 时，收尘极板表面液膜的蒸发速率小于单根电晕线；芒刺间距大于 5cm 时，收尘极板表面液膜的蒸发速率大于单根电晕线。

研究结果表明，当芒刺间距小于 5cm 时，收尘极板表面液膜的蒸发速率随芒刺间距的增大而增大，相邻芒刺间电晕放电的相互抑制作用也会降低；存在一合适芒刺间距使收尘极板表面液膜蒸发速率最快。与电晕电流相比，芒刺间距对收尘极板表面液膜中水分蒸发速率的影响较小。

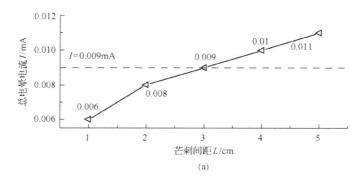

(a)

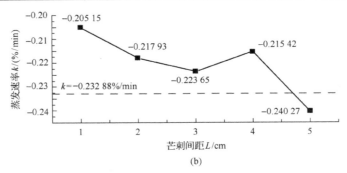

(b)

图 2-16　芒刺间距对极板表面液膜蒸发速率的影响

T=15℃，H=5cm，RH=25%，m_0=15mg，U=15kV

2.4.4　极板电阻对极板表面液膜蒸发特性的影响

　　静电场内的电子和负离子在电场力的驱动下运动到收尘极板表面，失去电子发生离子复合。收尘极板为刚性极板时，在其表面发生电子和导体内自由电子间的电荷转移；收尘极板表面存在液膜时，在液膜界面发生电子和溶液内电解质离子间的电荷转移。收尘极板类型、液膜浓度、粉尘堆积厚度不同，宏观上导致收尘极板电阻不同（金属 $10^{-8} \sim 10^{-6}\Omega \cdot m$、溶液 $10^{-2} \sim 10^{0}\Omega \cdot m$、粉尘 $10^{6} \sim 10^{12}\Omega \cdot m$），离子复合速率不同。极板电阻直接影响极板表面电子释放速率，随极板电阻增大，电荷释放速率变缓，极板表面负电荷累积形成负电位，降低了放电空间的电场强度，使得电离过程得到抑制，电离层内自由电子数量减少，电晕电流减小。

　　图 2-17 为不同接地电阻（0MΩ、10MΩ、20MΩ、30MΩ）下，微电流表直接测试得到的电晕电流 I 与电压 U 的关系。由图 2-17(a)可知，接地电阻为 10MΩ 时的总电晕电流（0.111mA）与接地电阻为 0MΩ 时的总电晕电流（0.126mA）相比降低了约 12%。结果表明，总电晕电流随接地电阻阻值增大而降低；极板电阻与空间电阻同一量级时，极板电阻对电晕电流产生显著的影响。由图 2-17(b)可知，电压为 15kV 时，微电流表直接测试得到的电晕电流 I 受接地电阻影响不大。电压为 35kV 时，接地电阻为 30MΩ 时的电晕电流（0.019μA）与接地电阻为 0MΩ 的电晕电流（0.038μA）相比降低了约 50%。结果表明，极板电阻与空间电阻同一

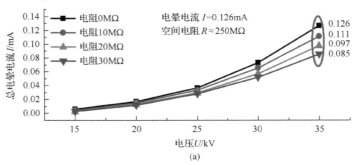

(a)

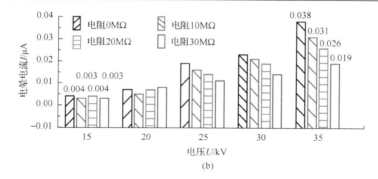

图 2-17　收尘极板电阻对电晕放电特性的影响

T=15℃，H=5cm，RH=25%

量级（MΩ）时，极板电阻对电晕电流产生显著的影响；且电压越高，电晕电流受极板表面电阻的影响更明显。

图 2-18 为两个电压（15kV、25kV）下接地托盘上不串联电阻（0MΩ）和串联电阻（40MΩ）及无穷大三种情况下收尘极板表面液膜的失重曲线。由图 2-18 可知，当电压为 15kV 时，电阻为 0MΩ 的液膜蒸发速率为 0.1887%/min（28.3μg/min）；电阻为 40MΩ 的液膜蒸发速率为 0.1809%/min（27.1μg/min），电阻增大，极板表面液膜蒸发速率降低 4.2%。当电压为 25kV 时，电阻为 0MΩ 的液膜蒸发速率为 0.288 38%/min（43.2μg/min）；电阻为 40MΩ 的液膜蒸发速率为 0.258 88%/min（38.8μg/min）。电阻增大，极板表面液膜蒸发速率降低 10.2%。结果表明，极板表面液膜蒸发速率随收尘极板电阻增大而降低；电压较高时，收尘极板表面液膜蒸发速率对收尘极板表面电阻改变更为敏感。

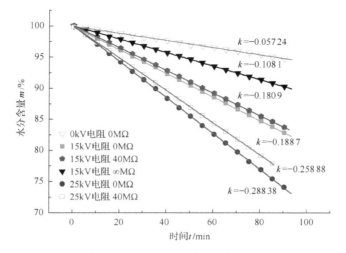

图 2-18　收尘极板电阻对收尘极板表面液膜蒸发特性的影响

T=15℃，H=5cm，RH=25%，m_0=15mg

2.4.5　液膜浓度对极板表面液膜蒸发特性的影响

　　湿式静电除尘器阳性表面的冲洗水中一般添加碱性添加剂对水质进行调质，保护收尘极板不受腐蚀。随着循环次数的增加，冲洗水中溶解的溶质越来越多，液膜浓度变大。为了研究液膜中溶质浓度对极板表面液膜蒸发特性的影响，选取溶解度较高的硫酸铵作为溶质，分别研究了 0g/100mL、10g/100mL、30g/100mL、50g/100mL、55g/100mL、60g/100mL 硫酸铵极板表面液膜在静电场中的蒸发特性。试验过程中保证托盘中的液膜质量为 (30 ± 1) mg。

　　不同浓度（0g/100mL、10g/100mL、30g/100mL、50g/100mL、60g/100mL）硫酸铵极板表面液膜的失重规律如图 2-19 所示。由图 2-19(a)可知，相同时间下，液膜浓度越高，液膜中的水分含量越大。结果表明，液膜加入溶质后，极板表面液膜蒸发速率得到抑制，使其变慢。这主要是因为液膜中加入溶质后，液膜表面的水蒸气分压降低，水蒸气的扩散阻力增大，液膜中的水分蒸发受到抑制[114]。随着液膜中溶质浓度的增大，液膜的失重模型发生改变。液膜中硫酸铵浓度为50g/100mL 时，静电场中的液膜失重过程分为两个阶段：小于 80min 时，液膜质量随时间呈线性下降，液膜蒸发为等速蒸发阶段；大于 80min 时，液膜质量随时间呈非线性下降，液膜蒸发速率变慢，进入降速蒸发阶段。图 2-19(b)为 55g/100mL硫酸铵极板表面液膜的质量与时间的关系。由图 2-19(b)可知，初始质量为32.19mg

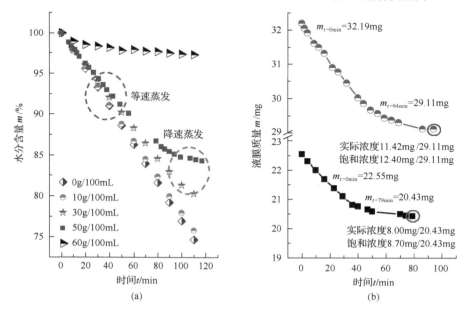

(a)　　　　　　　　　　　　　　　　(b)

图 2-19　液膜浓度对收尘极板表面液膜蒸发特性的影响

$T=15℃$，$H=5$cm，$U=25$kV，$RH=25\%$，$m_0=30$mg

的液膜在静电场中经历等速和降速蒸发两个阶段后，液膜的质量降低为 29.11mg。该液膜中溶解的溶质质量为 11.42mg，饱和溶液的理论溶质质量为 12.40mg。结果表明，随着液膜中水分的蒸发，液膜浓度升高，最终液膜整体变为饱和溶液。在静电场的作用下，液膜表面的气液接触面首先形成一层溶质晶体膜（图 2-20）。一方面，该膜盐浓度较高使液膜表面水蒸气分压急剧下降；另一方面，晶体膜增加了液膜内水分子向气液接触面的扩散阻力。二者综合作用，使液膜蒸发速率降低。

图 2-20　静电场作用下液膜表面形成的晶体膜

　　图 2-21 为液膜中硫酸铵含量为 55g/100mL 时，不同电压（25kV、30kV、35kV）下极板表面液膜的失重曲线和蒸发速率曲线。由图 2-21（a）可知，不同电压下，液膜失重曲线变化规律一致，蒸发过程由等速蒸发和降速蒸发两个阶段组成。运行电压越高，等速蒸发阶段持续时间越短。在等速蒸发阶段，相同时间下，电压越高极板表面液膜中的含水量越少。由图 2-21（b）可知，蒸发开始阶段，蒸发速率随时间变化较平缓，该阶段对应液膜蒸发的等速蒸发阶段；随着蒸发的进行，蒸发速率随时间急剧下降，该阶段对应液膜蒸发的降速阶段。等速蒸发阶段（$t<50$min），电压为 35kV 时的液膜蒸发速率大于电压为 25kV 的；降速蒸发阶段（$t>50$min），电压为 35kV 时的液膜蒸发速率小于电压为 25kV 的。35kV 时，100min 后极板表面液膜蒸发速率首先达到 0%/min，完成蒸发过程；25kV 时，120min 后极板表面液膜蒸发速率达到 0%/min，完成蒸发过程。结果表明，等速蒸发阶段，电压越高液膜蒸发速率越快。这主要是因为电压增大，平均电场强度增大，增大了气液接触面的传热传质速率，液膜表面蒸发的水分迅速被带走，液膜表面与其内部水分梯度增大，水分子在梯度的作用下向液膜表面的迁移速率增大，故电压越高液膜蒸发速率越快。对比不同电压下极板表面液膜的失重曲线，液膜蒸发达到平衡后，最终液膜质量大致相等（约 90.1%）。结果表明，运行电压仅影响极板表面液膜蒸发速率，而不影响蒸发的水量。

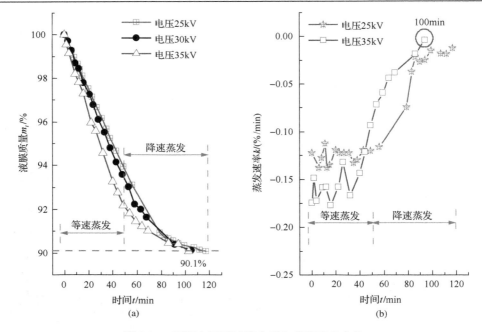

图 2-21　不同电压下液膜失重和蒸发速率曲线

T=15℃，H=5cm，RH=25%，m_0=30mg

2.5　温度场与静电场耦合作用下极板表面液膜蒸发特性

　　调节恒温箱的温度，在不同温度（35℃、55℃、65℃）下得到极板表面液膜在静态静电场中的失重规律，如图 2-22(a)所示。相同时间下，环境温度越高，液膜中的水分含量越低，液膜的蒸发速率越快。这主要是因为温度升高时，水分子动能增大，运动能力增强，单位时间内脱离水面的水分子数增多，液膜中水分蒸发速率加快[115, 116]。温度场叠加静电场后明显提高了极板表面液膜的蒸发速率。对图 2-22(a)中不同温度下的液膜失重曲线进行拟合，得到各个温度下极板表面液膜的蒸发速率 k。图 2-22(b)为单独温度场和温度场与静电场耦合作用下表面液膜的蒸发速率 k 与温度 T 的关系。由图 2-22(b)可知，温度场单独作用和温度场与静电场耦合作用下表面液膜的蒸发速率和温度均呈一阶线性关系，极板表面液膜的蒸发速率随温度的增大而增大。对比图 2-22(b)中试验测得的温度场与静电场耦合作用下的液膜蒸发速率值和理论计算值，发现不同温度下的理论计算值绝大部分小于实测值。结果表明，温度场与静电场耦合作用下的液膜蒸发速率大于温度场和静电场直接叠加后的蒸发速率。温度场单独作用下，15℃时，液膜的蒸发速率为 0.052 03%/min（7.8μg/min）；55℃时，液膜的蒸发速率为 0.958 21%/min（143.7μg/min）。温度场与静电场耦合作用下，15℃时，液膜的蒸发速率为 0.296 9%/min（44.6μg/min）；55℃时，液膜的蒸发速率为 1.850 76%/min（277.5μg/min）。结果表明，15℃时，施加静电场后极板表面液膜的蒸发速率提高了约 5 倍；55℃时，施加静电场后极板表面液膜的蒸发速率提高了约 1 倍。施加静电场后可以提高极板表面液膜的蒸发速率，但随着环境温度的提高，施加静电场后对蒸发速率提升的能力降低。最终，施加静电场后极板表面液膜的蒸发速率提高约 1.6 倍。这主要是温度较低时，液膜中水分子运动速度变慢，液膜蒸发速率缓慢，施加静电场能有效提高气液接触面传热传质速率进而提升液膜蒸发速率，因此施加静电场对液膜蒸发能力提升较大（5 倍）；温度较高时，温度场单独作用下，液膜蒸发速率较高，较环境温度较低时，施加静电场后液膜蒸发能力提升较小（1.9 倍）[117]。

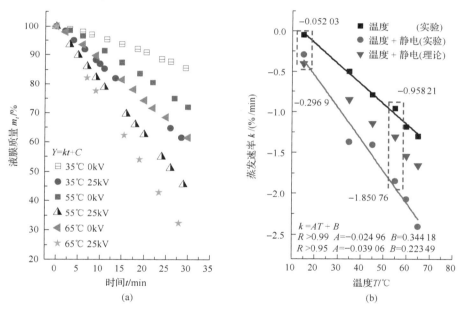

图 2-22　温度场与静电场耦合作用下收尘极板表面液膜蒸发特性

$H=5cm$，$U=25kV$，$RH<5\%$，$m_0=15mg$

2.6　速度场与静电场耦合作用下极板表面液膜蒸发特性

静电场内主流流体的流速为零时，电晕放电产生的离子风直接冲击收尘极板表面液膜；静电场内主流流体的流速不为零时，电晕放电产生的离子风与主流流体流速耦合作用产生各向异性的湍流速度场，该速度场对流体的横向输运率产生显著影响[118, 119]。本小节主要研究了速度场与静电场耦合作用下收尘极板表面液膜的蒸发特性。不同流速（v=0m/s、0.5m/s、1.0m/s、1.5m/s）下得到速度场与静电场耦合作用下极板表面液膜的失重曲线，对失重曲线进行处理得到极板表面液膜蒸发速率 k 与电压 U 的关系，如图 2-23（b）所示。

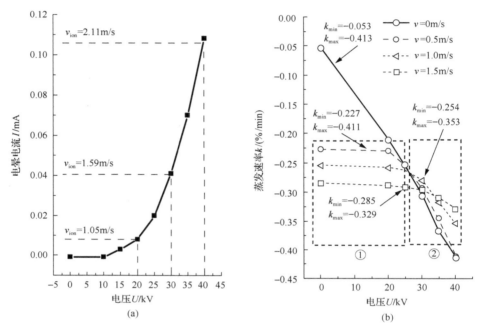

图 2-23　速度场与静电场耦合作用下收尘极板表面液膜蒸发特性

H=7cm，RH=18%，m_0=15mg

静电场内主流流体流速为零（v=0m/s）时，极板表面液膜蒸发速率 k 与电压 U 呈正相关线性关系。静电场内主流流体流速不为零（v=0.5m/s、1.0m/s、1.5m/s）时，极板表面液膜蒸发速率 k 随电压 U 的升高而增大，变化趋势可分为两个阶段：慢速①和快速②上升阶段。当流速为 0.5m/s 时，电压从 0kV 升高到 20kV，极板表面液膜的蒸发速率从 0.227%/min（34.05μg/min）增大到 0.229%/min（34.35μg/min），蒸发速率随电压升高缓慢上升；电压从 20kV 升高到 40kV，极板表面液膜的蒸发速率从 0.229%/min（34.35μg/min）增大到 0.411%/min（61.65μg/min），蒸发速率随电压升高快速上升。结果表明，低电压时，液膜蒸发速率受电压的影响较弱；高电压时，液膜蒸发速率受电压的影响较强。对比图 2-23（a）中伏安特性曲线可知，慢速上升阶段，电晕强度较低，静电场内离子风速（v_{ion}=1.05m/s）较低，离子风对主流流体的扰动作用有限。在慢速上升阶段，静电场内主流流体流速是影响极板表面液膜蒸发速率的关键因素。液膜蒸发速率随电压升高而增大的主要原因是，静电场的极化作用促进了液膜内部水分子向气液接触面的运动。在快速上升阶段，电晕放电强度增大，电场强度增大，离子风和主流流体流速的耦合作用增强，静电场内气流的湍流强度增加，产生各向异性的湍流速度场。因此，在快速上升阶段，静电场内部电场强度是影响极板表面液膜蒸发速率的关键因素。液膜蒸发速率随电压升高而增大的主要原因是离子风和主流流体流速的耦合作用，减小了边界层的厚度，提高了气液接触面的传热传质速率。

静电场与速度场耦合作用下，极板表面液膜的蒸发速率随电压升高而增大。电压由 0kV 增大到 40kV，静电场内主流流体流速为零时，极板表面的液膜蒸发速率提高了 0.360%/min；主流流体流速为 0.5m/s 时，极板表面的液膜蒸发速率提高了 0.184%/min；主流流体流速为 1.0m/s 时，极板表面的液膜蒸发速率提高了 0.099%/min；主流流体流速为 1.5m/s 时，极板表面的液膜蒸发速率提高了 0.044%/min。结果表明，静电场和速度场耦合作用时，弱化了静电场对极板表面液膜蒸发速率的影响，主流流体流速越大液膜蒸发速率受电压的影响越弱。

2.7　本章小结

本章首先对静态直流静电场中收尘极板表面液膜的受力情况进行讨论，然后围绕直流静电场中收尘极板表面液膜失重规律展开研究，考察了极配参数(电压、异极间距、芒刺间距)及液膜属性(液膜浓度、极板电阻)等参数对静态直流静电场中收尘极板表面液膜蒸发特性的影响，并进一步提出了适用于静态直流静电场的液膜蒸发模型 $k_{(U,H)}$。在此基础上，着重研究了静电场叠加耦合温度场、速度场条件下的液膜失重规律，分析了多场作用下的极板表面液膜蒸发的主导因素。主要结论如下：

(1)静态静电场中收尘极板表面液膜内极性水分子直接受到电场的作用产生极化静电力。该极化力使液膜内水分子的运动变得活跃，促进了水分子从液膜内部向表层气液界面传输。同时，电晕放电过程中的离子风直接冲击气液接触面，减小了湿度边界层厚度，提高了液膜表面传热传质速率。

(2)静态静电场作用下的收尘极板表面液膜蒸发为等速蒸发过程，极板表面液膜失重函数 Y 为一阶线性函数。静态静电场作用下的极板表面液膜蒸发过程处于强迫对流为主的阶段，离子风作为水蒸气输移的主要动力，电压增大、异极间距减小对极板表面液膜蒸发速率加强的作用非常显著。

(3)极板表面液膜添加溶质后，气液接触面水蒸气分压降低，液膜蒸发速率受到抑制，液膜浓度越高，蒸发速率越慢。极板表面液膜失重过程分为等速蒸发和降速蒸发两个阶段，等速蒸发阶段液膜快速失水变为饱和溶液，气液接触面首先结晶形成晶体膜，晶体膜限制了水的通路，液膜蒸发进入降速蒸发阶段。液膜表面形成晶体膜后蒸发速率迅速降为 0%/min，液膜内部剩余水分很难进一步蒸发并继续结晶。

（4）温度场与静电场耦合作用下极板表面液膜的蒸发速率 k 和温度 T 呈一阶线性关系，液膜蒸发速率受温度场和静电场共同影响，耦合作用下的液膜蒸发速率大于温度场和静电场直接叠加后的蒸发速率。随着温度提高，温度场对液膜蒸发的影响力增大，静电场对液膜蒸发的影响力减小；提高电压对液膜蒸发的速率提升能力降低。

（5）速度场与静电场耦合作用下的极板表面液膜蒸发速率 k 随电压 U 的升高可分为慢速上升和快速上升两个阶段。在慢速上升阶段，静电场内主流流体流速是影响极板表面液膜蒸发速率的关键因素，该阶段外加静电场主要通过强化液膜内水分子的极化静电力来促进液膜内部水分子向气液接触面的运动。在快速上升阶段，电晕放电和电场强度增大，离子风和主流流体流速的耦合作用增强，静电场内气流的湍流强度增加，产生各向异性的湍流速度场。

第3章 湿度/液膜对静电场电晕放电的影响

湿式静电除尘器一般配套应用于湿法烟气脱硫之后，作为污染物控制系统的终端处理设备，在国内燃煤电厂得到迅猛发展。细颗粒物、液滴、脱硫生成物及气溶胶叠加在一起进入湿式静电除尘器。其中，烟气中悬浮的液滴黏附到阴极电晕线表面，在其表面形成一层液膜，液膜的浸润改变了电晕线的表面状况，进而引起电晕放电特性的改变。同时，放电空间中液滴在静电力的作用下沉积到收尘极板表面形成液膜，液膜浸润改变了收尘极板表面堆积粉尘层的电子输送能力(电阻、介电常数等)，有效避免了二次扬尘和反电晕。除此之外，对于处理热干烟气的湿式静电除尘器(干湿耦合静电除尘器、屋顶除尘器)，极板表面液膜在静电场、速度场和温度场的耦合作用下，液膜内水分子不断蒸发进入静电场[120]，极性水分子进入放电空间对电晕放电过程产生重要影响[121, 122]。因此，收尘极板表面液膜的存在直接或间接地对静电场中电晕线的放电特性造成影响。为此，本章将通过试验的方法从电晕电流、起晕电压、击穿电压、收尘极板表面电流密度大小及分布等几方面，研究放电空间中的湿度和收尘极板表面液膜对直流电晕放电的影响。最后，提出一种根据平均电场强度和电晕电流密度、电流密度分布标准差的关系来表征芒刺电晕线放电特性的方法。

3.1 电晕放电机理

空间中存在大量电离产生的离子和自由电子。放电极上施加电压后，电极间形成电场，自由电子在电场力的作用下做定向移动，移动过程中与分子碰撞产生新的离子和电子。新产生的电子重新参与碰撞中，使电离过程得到加强，空间中的电子呈"雪崩式"增长，形成电子崩。电离系数 α 表示电离程度大小。自由电子集中在电子崩的头部穿过电离层迅速向阳极移动，移动过程中与气体分子结合形成负离子，正离子留在电子崩的尾部，在电场力的作用下向阴极移动并撞击释放出二次电子。附着系数 η 表示自由电子与气体分子形成负离子的能力。随着距离放电极越来越远，电场强度逐渐减小，电子崩在电离层边界停止，此时气体电离程度与形成负离子的能力大小一样，即电离系数等于附着系数，$\alpha=\eta$。

含尘烟气进入静电场，粉尘颗粒与负离子碰撞而荷电，形成负粒子(图 3-1)。负粒子在电场力的作用下向阳极运动并沉积在阳极极板表面，电子穿过堆积颗粒传递给极板产生电晕电流。

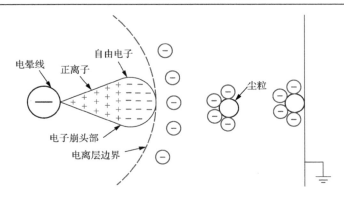

图 3-1   负电晕放电及粉尘颗粒荷电机理

3.2   电荷对空间静电场的影响

1. 电离层内正离子对静电场的影响

负离子的迁移速率低且聚集在电离层外，正离子聚集在放电极附近。正离子聚集在负极性电极表面，减弱了向正极方向的电场强度，而加强了向负极性放电极的电场强度，如图 3-2 所示[123]。负极性放电极周围聚集的正离子使下一个电子崩在较高的电场强度下发展，电晕放电不易发展。

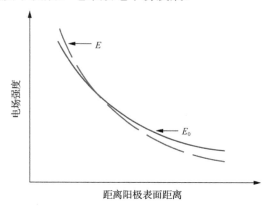

图 3-2   电离层内正离子对静电场的影响

2. 电离层外负离子对静电场的影响

电离层外负离子的累积，屏蔽了一部分指向负极性电极的电力线而减弱了电离层内的电场强度，电离层内的电离度减小，加强了正极性电极附近的电场强度。电晕放电后，电晕电流停留在某一数值，这是由于电晕电流受到电离层外空间负电荷的影响。外加电压不变，电晕电流增大，电离层外的负空间电荷增多，负空间电荷对电力线的屏蔽作用增强，使得电离过程受到抑制，电离层内自由电子数量减少，电晕电流恢复原值，反之电晕电流减小，电离层外的负空间电荷减少，负空间电荷对电力线的屏蔽作用减小，电离过程得到加强，电离层内自由电子数量增加，电晕电流恢复原值。一定电压下，电晕区、电晕外区的正/负空间离子、电子相互平衡实现了电晕电流的稳定。当电压升高时，原来的平衡被打破，电场强度增大，电离区扩大，电晕电流增大。由此可见，电晕电流除受电压影响外，还受电离层外负电荷的影响。随着施加在负极性放电极表面的电压的升高，放电极表面的电场强度增加，电离层外负空间电荷对空间静电场的影响呈现几种不同的表现形式，导致电晕放电存在以下几种不同的电晕模式[124, 125]。

1) Trichel 脉冲放电

当施加在负极性放电极表面的电压较低，负极性放电极表面电场强度达到临界值时，导体附近会出现电晕电流脉冲，称为"特里切尔(Trichel)脉冲"。

2) 无脉冲辉光放电

随着施加在负极性放电极表面的电压的升高，负极性放电极表面电场强度升高，脉冲逐渐减弱，直至完全消失，该放电模式称为"无脉冲辉光放电"。

3) 负流注放电

随着施加在负极性放电极表面的电压的升高，电晕电流将连续不断地增加，电子崩头部的电场比外加电压在间隙中形成的电场更强时，电子崩附近的电场严重畸变，电离剧烈，电离程度大大超过电子崩中的电离程度，放电可以自行发展成流注，从而导致间隙击穿，该模式称为"负流注放电"。

要形成稳定的可自维持的电子崩，负极性电极表面需要持续不断地产生自由电子。自由电子的产生方式主要有两种：激发(碰撞激发、光激发和热激发)与电离(碰撞电离、光电离、热电离和金属表面电离)[126, 127]。其中，在无脉冲辉光放电阶段，自由电子主要来源于静电场中正离子(或光子)撞击负极性电极表面引起的金属表面电离[128]。电子脱离金属表面所做功的最小值称为逸出功。逸出功与金属本身的晶轴取向和表面状态有关，当金属表面涂覆其他物质时，逸出功会有显著变化[129]。

3.3 水对空间静电场的影响

水分子是由两个氢原子(H)和一个氧原子(O)组成的一种极性分子。三个原子形成 104.5°角[130]，如图 3-3 所示。氢原子和氧原子之间的共价键共享一对电子。由于共价键中氧原子和氢原子对电子的共享程度不均衡，其中氧原子一侧带负电，氢原子一侧带正电。

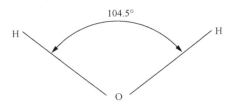

图 3-3　水分子结构示意图

3.3.1　电极表面水分子吸附物理过程

　　静电场中放电空间中的水分子及悬浮的液滴沉积到放电极表面，在放电极表面形成一层水膜。水分子是一种极性分子，放电极的极性不同，水分子的吸附方式也不同[131]。对于正极性放电极，水分中的氧原子朝向放电极表面吸附；对于负极性放电极，水分中的氢原子朝向放电极表面吸附，如图 3-4 所示。

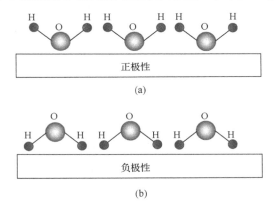

图 3-4　放电极表面水分子吸附模型

　　静电场中碰撞激发、电离等作用可产生电子。放电极中的电子在获得足够的能量后，从放电极表面逸出也会释放出电子[132, 133]。放电极表面沉积的液膜对金属放电极本身的晶体结构并不产生影响，但沉积的液膜会引起放电极表面状况发生变化，对电子从放电极表面逸出过程作用比较明显。当放电极接负极性高压直流电源时，水分子中的氢原子朝向放电极表面吸附。液膜/金属放电极界面处存在一定的相互作用，液膜水分子中的电子将从液膜向界面处移动，水分子层内电子迁移减小了水分子固有的偶极矩[134, 135]，偶极层内偶极矩的减小降低了表面逸出功。徐明铭计算了不同相对湿度下水分子吸附于铜导体表面引起逸出功的变化，如图 3-5 所示。铜导体表面逸出功随相对湿度的增加而减小，相对湿度为 100% 时，铜表面逸出功减少了约 1.1eV[136]。

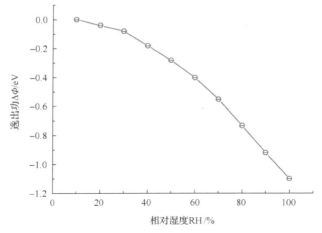

图 3-5　相对湿度对导体表面逸出功的影响

3.3.2　静电场中水分子碰撞物理过程

与氧气、二氧化硫等电负性分子不同，水分子本身不具有电子亲和力，不能直接吸附自由电子而形成负离子。静电场中的水分子首先受到具有一定能量电子的轰击而分解，然后电子附着于被分解的某一部分气体上形成负离子。

自由电子在电场力的作用下向收尘极板定向移动，移动过程中与水分子碰撞产生正离子和新的电子，根据碰撞时电子的能量 E_e 不同，发生的反应类型不同：

$$e^- + H_2O \longrightarrow OH + H^- \qquad (5.7eV < E_e \leqslant 7.3eV) \qquad (3-1)$$

$$e^- + H_2O \longrightarrow 2H + O^- \qquad (7.3eV < E_e \leqslant 20.8eV) \qquad (3-2)$$

$$e^- + H_2O \longrightarrow H + H^+ + O^- + e^- \qquad (20.8eV < E_e \leqslant 34.3eV) \qquad (3-3)$$

$$e^- + H_2O \longrightarrow H^+ + H^+ + O^- + 2e^- \qquad (E_e > 34.3eV) \qquad (3-4)$$

自由电子碰撞水分子形成的碎片离子会继续与水分子结合形成负离子，其产生过程：

$$H^- + H_2O \longrightarrow OH^- + H_2 \qquad (3-5)$$

$$O^- + H_2O \longrightarrow OH^- + OH \qquad (3-6)$$

由式(3-1)～式(3-4)可以看出，电子能量较低时，水分子在电子碰撞下分解为 OH、O 和 H 原子基团，自由电子附着在 O 和 H 原子基团上形成负离子；电子能量较高时，水分子在电子的碰撞下同时发生电离、附着过程，产生电子、负离子和正离子。

3.3.3　极板表面电晕电流密度与空间静电场的关系

在收尘极板表面选取一个长、宽分别为 L 和 dz 的二维封闭曲面 S（图 3-6），极板表面电场强度 E 可由高斯定理获得

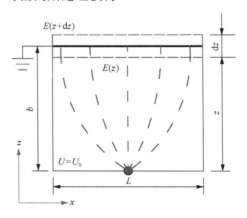

图 3-6　放电极和收尘极间的静电场分布

$$\oint \vec{E} \cdot d\vec{S} = \oint E dS \cdot \cos\theta = P''/\varepsilon_0 \tag{3-7}$$

式中，θ 为电场强度 E 和二维封闭曲面 S 法向量的夹角；P'' 为单位收尘极板表面上的电荷量；ε_0 为真空介电常数。封闭曲面 S 左右两侧 $\cos\theta=0$，上下两侧 $\cos\theta=\pm 1$。将 $\cos\theta$ 的值代入式（3-7），得到

$$\left[E(z+dz) - E(z)\right]L = P'/\varepsilon_0 \tag{3-8}$$

式中，P' 为封闭曲面 S 上的总电荷量。静电场中气体负离子在电场力的驱动下以速度 v 向收尘极板表面运动，气体离子运动距离 dz 的时间为 dt。电晕线线电流密度 I 和收尘极板表面面电流密度 J 的关系可由式（3-10）获得

$$dt = dz / v = dz / (kE) \tag{3-9}$$

$$P' = I dt = JL dt \tag{3-10}$$

式中，v 为离子运动速率；k 为离子迁移速率。将式（3-9）和式（3-10）代入式（3-8）得到收尘极板表面面电流密度 J 与电场强度 E 的关系：

$$E dE = J \cdot dz / (k\varepsilon_0) \tag{3-11}$$

当收尘极板表面面电流密度 $J=0$ 时，电场强度 E 为起晕电场强度 E_S，因此式（3-11）可以简化为

$$E = \sqrt{2Jb / (k\varepsilon_0) + E_S^2} \tag{3-12}$$

由式(3-12)可知，静电除尘器中空间静电场电场强度 E 与收尘极板表面面电流密度 $J^{1/2}$ 呈正相关关系。

静电除尘器内荷电颗粒在电场力的驱动下向收尘极板运动，最终颗粒所受的电场力和介质阻力达到平衡，并向收尘极板做等速运动。由颗粒受力可以推导出静电场中荷电颗粒的驱进速度如式(3-13)：

$$\omega=\frac{2\varepsilon_0\varepsilon_r}{\varepsilon_r+2}aE_cE_p/\mu \tag{3-13}$$

式中，ε_r 为颗粒的相对介电常数；μ 为含尘气流的动力黏度，Pa·s。荷电颗粒的理论驱进速度 ω 与颗粒直径 a、荷电区电场强度 E_c、收尘区电场强度 E_p 呈正相关关系。一般，静电除尘器中荷电区电场强度和收尘区电场强度相等，即 $E_c\approx E_p$，因此式(3-13)可以简化为

$$\omega=\frac{2\varepsilon_0\varepsilon_r}{\varepsilon_r+2}aE_p^2/\mu \tag{3-14}$$

综合式(3-12)和式(3-14)可知，静电场中荷电颗粒的驱进速度 ω 与收尘极板表面面电流密度 J 呈正相关关系。

3.4　湿度对电晕放电的影响

3.4.1　试验系统及材料

为研究静电场中放电空间的水对电晕放电的影响，建立了温/湿度场中直流电晕放电模型。试验系统如图 3-7 所示，由两部分组成：电晕放电系统和温湿度控制系统。试验过程中，电晕放电系统直接放入温湿度控制系统。

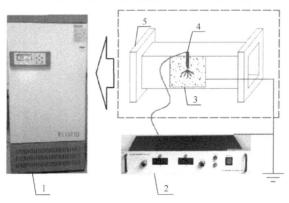

图 3-7　试验系统图

1.恒温恒湿箱；2.高压电源；3.阳极收尘极板；4.阴极电晕线；5.有机玻璃反应器

电晕放电系统主要由钉状电晕线和不锈钢阳极收尘极板组成。静电除尘器的阴

阳极系统内嵌在有机玻璃壳体内，钉状电晕线直径为 2mm，长度为 70mm。电晕线与负极性直流高压电源相连，峰值电压在 0～70kV 连续可调。二次电压和电流从高压电源的显示面板获得。阳极收尘极为前后两块不锈钢钢极板（100mm×100mm），异极间距为 50mm。将静电除尘器模型放入恒温恒湿箱中，通过控制恒温恒湿箱的温湿度为电晕放电提供一个模拟的相对湿度氛围。恒温恒湿箱的主要性能参数如表 3-1 所示。

表 3-1　恒温恒湿箱的主要性能参数

湿度范围/%	温度范围/℃	温度偏差/℃	湿度均差/%
20～98	−40～150	±0.3	±3

3.4.2　湿度对伏安特性的影响

图 3-8 为恒温恒湿箱中，四个相对湿度（RH=31%、54%、80%、98%，T=30℃）下静电除尘器的伏安特性曲线。由图 3-8(a)可知，相对湿度对电晕线放电特性的影响与工作电压有关，将①、②位置处数据放大整理详见图 3-8(b)所示。工作电压较低（U<12kV）时（如①点），电晕电流随着烟气湿度增大而增大；当工作电压较高（U>28kV）时（如②点），电晕电流随着烟气湿度增大而减小，如图 3-8(b)所示。这主要是因为，烟气湿度增加，放电空间中负极性水分子数目增多。一方面，负极性水分子在电晕线表面电场的作用下吸附于电晕线表面[137, 138]，引起直流静电场中起晕电场强度的降低和电子逸出功的减小[132]。同一电压下更多的电子从电晕线表面被激发[134]，电晕电流升高。另一方面，负极性水分子与电子碰撞的机会增多，静电场中电子的平均自由行程变短，电离层产生的大部分电子与负极性水分子复合形成负离子，电离不易发展。同时，水负离子质量大，迁移速率小于气

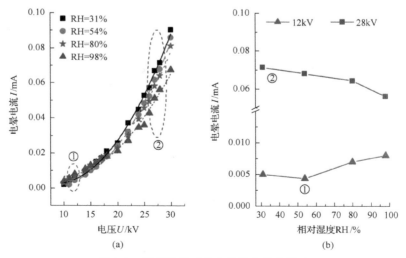

图 3-8　相对湿度对伏安特性曲线的影响

体负离子。水负离子在空间电场中累积使电晕放电受到抑制，电晕电流下降。不同电压下，相对湿度增加对电晕放电过程中这两个方面的影响程度不同，导致电压不同时，电晕电流随烟气相对湿度的增加变化规律不同。工作电压较低时，电离系数较小，电离作用较弱，电离产生的电子数目较少，此时相对湿度增加对电场强度和电子逸出功的降低起重要作用。因此工作电压较低时，随着烟气中相对湿度增大，电晕电流增大。工作电压较高时，电离系数较大，电离作用增强，电离产生的电子数目增多，此时相对湿度增加对离子迁移速率的降低起重要作用。因此工作电压较高时，电晕电流随着烟气中相对湿度的增加而减小。

3.4.3　湿度对起晕电压和击穿电压的影响

图 3-9 为静电除尘器的起晕电压和击穿电压随模拟烟气相对湿度的变化曲线，其中左向指向曲线为烟气相对湿度与电晕电压的关系曲线，右向指向曲线为烟气相对湿度与击穿电压的关系曲线。由图 3-9 可知，随着烟气相对湿度的增加，静电除尘器的起晕电压降低，击穿电压提高。结果表明，烟气相对湿度增大使静电除尘器的工作电压窗口增大，有利于其稳定运行。这主要是因为烟气相对湿度增大，电离层内部电离产生的部分电子直接被水分子捕获形成负离子，自由电子的附着系数 η 增大。同时，放电空间中的水分子数目增多，一方面，增加了电离层内部的碰撞电离概率；另一方面，水分子受负极性电晕线吸引而非均匀附着在电晕线表面凝结成水滴，增加了电晕线表面的粗糙度，引起其表面电场畸化，降低电子逸出功[132]，促进二次电子(光电子)的产生。这两个方面综合作用，提高了电离系数 α。其中，电离系数 α 的提高比附着系数 η 的提高更明显，即有效电离系数 $(\alpha-\eta)$ 增大，因此随着模拟烟气相对湿度的增加，静电除尘器的起晕电压逐渐减小。烟气相对湿度增加使静电场空间中负离子密度增加，空间静电场分布更趋均匀，因而随着模拟烟气相对湿度的增加，湿式静电除尘器的击穿电压升高。

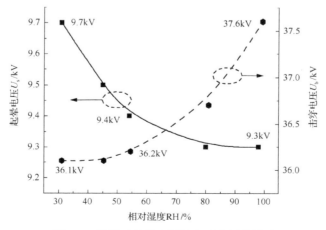

图 3-9　湿度对起晕电压和击穿电压的影响

由图 3-9 可知，相对湿度由 30% 增加到 55%，起晕电压降低了 0.3kV，击穿电压提高了 0.1kV；相对湿度由 55% 增加到 98%，起晕电压降低了 0.1kV，击穿电压提高了 1.4kV。随着相对湿度的增加，起晕电压先迅速降低然后缓慢下降，降低幅度变小。击穿电压的变化规律与起晕电压正好相反，先缓慢上升然后迅速增大。这主要是因为电晕放电过程中，烟气相对湿度的增加使放电空间中水分子数目越来越多。电离系数 α 的敏感性降低，增大幅度变小，同时附着系数 η 敏感性变大，增大幅度变大，导致相对湿度较高条件下有效电离系数 $(\alpha-\eta)$ 的降低。

3.5　极板表面液膜对电晕放电的影响

3.5.1　试验系统及材料

为了研究阳极收尘极板表面液膜对直流电晕放电特性的影响，以实际静电除尘器模块单元的机械尺寸为参考，建立了水平单电晕线-板式静电除尘器电晕放电试验系统，见图 3-10。该试验系统主要包括静电除尘器模型和电参数测试系统。

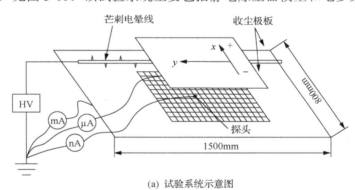

(a) 试验系统示意图

(b) 试验系统实物图

图 3-10　水平单电晕线-板式静电除尘器电晕放电试验系统

　　静电除尘器模型由芒刺电晕线和收尘极板两部分组成。芒刺电晕线直接与负极性直流高压电源相连。收尘极板由相互独立且绝缘的上下两块极板构成,上部极板(200mm×400mm)经电流表直接接地,下部极板(1500mm×800mm)装有微电流探头且沿导轨可在水平面内移动,试验用电流表和高压电源如图 3-11 所示。上部极板的边界位置与下部极板上微电流探头的测试边界范围完全一致。试验过程中的异极间距可以通过调节芒刺电晕线中轴线在竖直方向上的对地高度来控制。

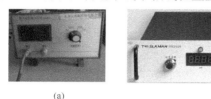

(a)　　　　　　　　　　　　　　　(b)

图 3-11　试验用电流表(a)和高压电源(b)

　　电参数测试系统主要由电流探头、电流采集装置和微电流表组成。静电除尘器模型的二次电压和二次电流可由高压电源的显示面板直接获得。芒刺电晕线对应收尘极板表面上的电晕电流密度分布可采用 Tassicker 边界探头法[139]测试得到。电流探头的设计如图 3-12 所示,绝缘杯保证探针与收尘极板绝缘,绝缘杯底部开一小孔,通过该孔实现探针与分辨率为 1μA 的微电流表(北京恒奥德仪器仪表有限公司 ZH-DH8231)相连。绝缘杯嵌装在收尘极板中央,接地收尘极板与在水平面内沿导轨滑动的滑块固定连接。

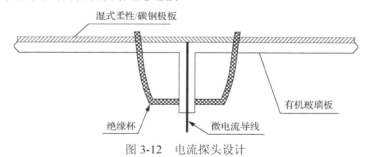

图 3-12　电流探头设计

　　为了方便测量,在收尘极板水平面内定义了 x 轴和 y 轴两个方向(图 3-10), x 轴方向垂直于芒刺电晕线, y 轴方向平行于芒刺电晕线, x 轴和 y 轴的交点为零点。以零点为界,沿 x 轴正方向和负方向每隔 25mm 选取一个坐标,共选取 17 个坐标;沿 y 轴正方向每隔 20mm 选取一个坐标,共选取 11 个坐标。按照选取的坐标刻度控制滑块在导轨上的位置,改变探头与芒刺电晕线的相对位置,获得 200mm× 400mm 收尘极板表面上 187 个测点的电晕电流值。

　　为了研究阳极板水膜对电晕放电过程中收尘极板表面电晕电流密度大小和分布的影响,本试验分别选用两种收尘极板(碳钢极板和湿式柔性极板)和两种芒刺电晕线(RS4 和 RS2)。收尘极板和芒刺电晕线可根据具体的试验条件和要求进行更换和组合。其中,柔性极板为一种涤纶树脂纤维(PET)织物,该织物耐酸、耐碱、密度小。该纤维织物的具体特征参数如表 3-2 所示。根据前期研究结果,当柔性极板的吸水量保持在 0.003g/cm^2 时[140],便可保证柔性极板完全润湿,本试验中柔性极板的吸水量控制在 0.01g/cm^2,使其表面完全润湿并形成表面水膜。芒刺电晕线的结构形式和参数如图 3-13 所示。

表 3-2　PET 纤维织物的具体特征参数

密度/(g/m³)	经线/纬线(10cm)	厚度/mm	经/纬断裂伸长率/%	空气渗透率/[L/(m²·s)]	编织方式
940~990	246/92	1.35~1.40	30/15	10	斜纹

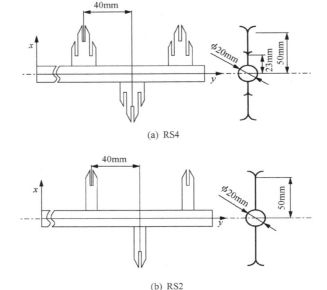

(a) RS4

(b) RS2

图 3-13　RS 芒刺电晕线的结构形式和参数
相邻芒刺环向角度为 60°

3.5.2　分析方法

本小节采用收尘极板表面平均面电流密度 J 和电晕电流密度分布标准差 σ 两个指标来定量表征芒刺电晕线在静电除尘器收尘极板上的放电特性:

$$I = \sum_{i=1}^{187} I_i \tag{3-15}$$

$$J_i = \frac{I_i}{\pi \times 0.01^2} \tag{3-16}$$

$$J = \frac{1}{187}\sum_{i=1}^{187} J_i \tag{3-17}$$

$$\sigma = \sqrt{\frac{1}{187}\sum_{i=1}^{187}(J_i - J)^2} \tag{3-18}$$

式中，I 为探头法测试得到的电晕电流，mA；I_i 为收尘极板上第 i 个测点的电晕电流，mA；J_i 为收尘极板上第 i 个测点上的电晕电流密度，mA/m^2；J 为收尘极表面平均面电流密度，mA/m^2；σ 为收尘极板电晕电流密度分布标准差。

　　静电除尘器的运行电压一般略低于火花电压，火花电压受气体击穿临界电场强度的限制，因此空间静电场电场强度是影响静电除尘器运行的关键参数。结构和极配参数不同的芒刺电晕线，实际上是改变了放电尖端到收尘极板的距离，导致空间静电场电场强度的不同，从而引起电晕放电特性的差异。

　　芒刺电晕线平均电场强度 E 可由式(3-19)得到

$$E = V / D \tag{3-19}$$

式中，V 为二次电压，kV；D 为芒刺放电尖端到收尘极板的距离，m。

　　对于不同的芒刺形式，D 的确定方法可由式(3-20)得到

$$D_{钉型} = H - h - d/2 \qquad D_{RS} = H - h \tag{3-20}$$

式中，H 为异极间距，m；d 为芒刺电晕线光杆直径，m；h 为芒刺高，m。由式(3-19)和式(3-20)发现，芒刺电晕线平均电场强度的计算过程综合考虑了芒刺电晕线的结构和极配参数。

3.5.3　极板表面液膜对伏安特性的影响

　　图 3-14 为两种测试方法得到的 RS4 芒刺电晕线配合刚性碳钢极板的伏安特性曲线(T=27℃，RH=37%)。其中，虚线为根据式(3-7)对下极板 187 个测点测试得到的电晕电流 I_i 进行求和得到的总电晕电流 I，实线为与上极板相连接的外接电流表的示数。试验过程中异极间距 H=175mm。

　　对比两种测试方法得到的电晕电流可知，同一电压下，边界探头法测试得到的总电晕电流小于同等面积的上极板测试得到的总电晕电流，最大偏差为 16.7%。这主要是由于探头直径为 20mm，测试节点的选取为 x 轴间隔 25mm，y 轴间隔 20mm，探头实际测量的极板面积小于上表面极板总面积，其测试面积较上极板减少 25%，因此探头法测试得到的总电晕电流小于同等面积的上极板测试得到的总电晕电流是合理的。结果表明，本节采用的边界探头法得到的总电晕电流与同等面积的上极板测试得到的总电晕电流吻合程度较高，边界探头法对原静电场中电

晕放电的影响不大。因此，后面主要用边界探头法来比较研究直流电晕放电过程中干式刚性碳钢极板和湿式柔性极板表面电晕电流密度大小及分布的差异。

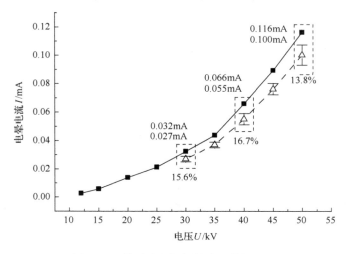

图 3-14　普通碳钢极板的伏安特性曲线

图 3-15 中实线和虚线分别为边界探头法测试得到的负极性直流电晕条件下湿式柔性极板和干式刚性碳钢极板表面的电晕电流，散点为湿式柔性极板表面与干式刚性碳钢极板表面电晕电流的比值。

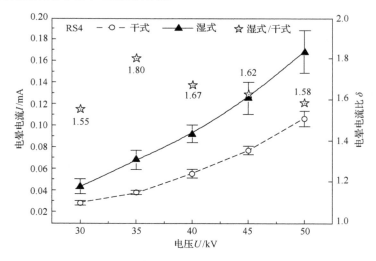

图 3-15　干式/湿式极板表面的伏安特性曲线

由图 3-15 可知，收尘极板表面电晕电流随电压的升高而增大，湿式柔性极板与干式刚性碳钢极板的伏安特性曲线变化趋势一致。同一电压下，湿式柔性极板的电晕电流高于干式刚性碳钢极板。35kV 时，湿式柔性极板的电晕电流比干式刚性碳钢极板高 80%；50kV 时，湿式柔性极板的电晕电流比干式刚性碳钢极板高58%。结果表明，阳极收尘极板表面液膜的存在提高了收尘极板表面电晕电流。其主要原因为，湿式柔性极板表面液膜中的水分子在水蒸气分压力和离子风的驱动下扩散进入放电空间，使水蒸气分子数密度增加，引起静电场空间电荷和电场强度分布畸变。电晕放电的起晕电压降低[141]，电离区的有效电离系数$(\alpha-\eta)$增大，相同电场强度下，电离区中碰撞电离产生更多的正离子和电子；同时，有效电离系数$(\alpha-\eta)$增大引起电离区的厚度减小，电离过程中产生的正离子和光子穿过电离区的损失减小，在撞击负极性电极表面过程中引起金属表面电离增强，产生的二次电子增多。除此之外，放电空间中的负极性水合离子的聚集液增强了湿式收尘极板附近的电场强度[142, 143]。以上这两种机制共同作用提高了湿式水膜静电场的电晕放电能力。

3.5.4　极板表面液膜对电晕电流密度分布的影响

为研究收尘极板表面液膜对直流电晕放电过程中收尘极板表面电流密度分布的影响，并与干式碳钢极板相对比，分别在 x 轴和 y 轴选取了几个坐标作为代表性的测点(图 3-10)，测试了不同的坐标(x=60mm、–100mm，y=60mm、100mm、160mm)下干式刚性碳钢极板与湿式柔性极板表面的电晕电流密度,结果如图 3-16所示。图 3-16 中实心图标表示湿式柔性极板上的电晕电流密度，空白图标表示干式刚性碳钢极板上的电晕电流密度。

由图 3-16(a)可知,x 轴方向，收尘极板表面的电晕电流密度分布的波动较大。收尘极板表面电晕电流密度分布与芒刺电晕线的结构形式相对应，芒刺尖端正对的收尘极板区域电晕电流密度出现波峰，芒刺光杆正对的收尘极板区域出现波谷。湿式柔性极板表面电晕电流密度分布与干式刚性碳钢极板表面一致。芒刺电晕线y=100mm 处，干式刚性碳钢极板表面电晕电流密度为 $0\sim1.1\text{mA/m}^2$，湿式柔性极板表面电晕电流密度为 $0\sim2.1\text{mA/m}^2$，各个坐标下湿式柔性极板上的电晕电流密度均大于干式刚性碳钢极板。由图 3-16(b)可知，y 轴方向，收尘极板表面的电晕电流密度的波峰和波谷交替出现，电晕电流密度分布的波峰与芒刺电晕线上的芒刺尖端分布一一对应。结果表明，相同条件下，收尘极板表面水膜的存在明显提高了静电除尘器的电晕放电能力，提高了静电除尘器的电晕功率和放电空间的离子密度，有利于以扩散荷电为主的小颗粒物在静电场的荷电效率。同时，收尘极板表面电晕电流密度的提高更有利于荷电颗粒的沉积。以上两种作用机制共同作用提高了静电场对细颗粒物的脱除效率。

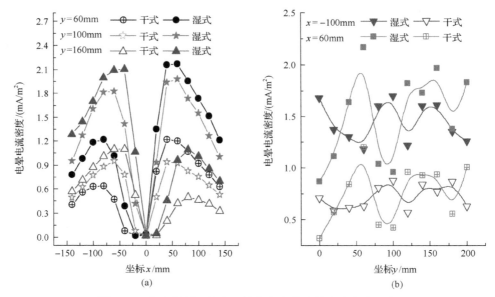

图 3-16　收尘极板 x 轴和 y 轴方向上的电晕电流密度分布

　　图 3-17 为几个不同坐标下的湿式柔性和干式刚性碳钢极板表面的电晕电流密度分布标准差。由图 3-17 可知，对于任意一种收尘极板，x 轴方向的电晕电流密度分布标准差小于 y 轴方向的电晕电流密度分布标准差。其主要原因为，RS 芒刺电晕线光杆正对的收尘极板区域存在电晕电流密度很小的区域（电晕死区），该区域降低了收尘极板表面电晕电流密度分布的均匀性。另外，同一坐标下湿式柔性极板表面的电晕电流密度分布标准差均大于干式刚性碳钢极板。结果表明，阳极收尘极板表面水膜在提高收尘极板表面电晕电离密度的同时使收尘极板的电晕电流密度分布变得不均匀。

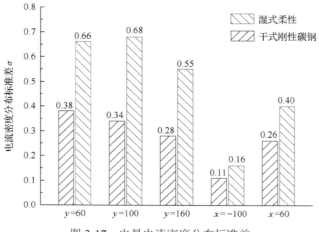

图 3-17　电晕电流密度分布标准差

　　图 3-18 为收尘极板表面上电晕电流密度二维分布情况。干式刚性碳钢极板和湿式柔性极板表面的电晕电流密度分布情况一致，芒刺电晕线支撑管左右两侧的收尘极板表面出现三个波峰区域且左右两侧波峰交错出现。对比图 3-13 中 RS4 芒刺电晕线的结构，电晕电流密度最高的波峰位置与芒刺电晕线的芒刺尖端对应，电晕电流密度最低的波谷位置与芒刺电晕线的支撑管对应。结果表明，电晕放电主要发生在芒刺电晕线上曲率半径较小的芒刺尖端处，芒刺尖端对应的放电空间中离子密度最高。电晕线上增加芒刺尖端可以明显提高电晕线的放电强度。另外，在 RS4 芒刺电晕线对应收尘极板 $x=0mm$ 的位置上，存在电晕电流密度近似等于 $0mA/m^2$ 的区域，该电晕电流密度较小的区域称为电晕死区，这与文献中理论和试验结果一致。这主要是因为，$x=0mm$ 的位置正对芒刺电晕线的芒刺光杆，芒刺光杆对离子迁移具有屏蔽作用，只有少量的负离子能运动到收尘极板表面。结果表明，芒刺电晕线上支撑管的屏蔽作用抑制了芒刺电晕线的放电能力。

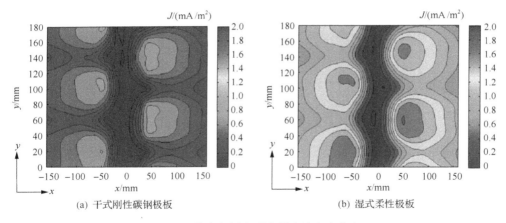

(a) 干式刚性碳钢极板　　　　　　　　　　(b) 湿式柔性极板

图 3-18　收尘极板表面电晕电流密度分布

　　对比干式刚性碳钢极板[图 3-18(a)]和湿式柔性极板[图 3-18(b)]表面电晕电流密度分布可知，收尘极板上区域不同，极板表面水膜对于电晕电流密度的提升能力也不同。电晕线芒刺光杆正对的区域($x=0mm$)，干式刚性碳钢和湿式柔性极板上都存在电晕死区，在该区域两种收尘极板的电晕电流区别不大。电晕线芒刺尖端正对的极板区域，柔性湿式极板表面电晕电流密度均明显大于干式刚性碳钢极板。结果表明，收尘极板表面水膜使电晕线的放电能力得到提高的同时，也提高了收尘极板表面电晕电流密度分布的不均匀性。

　　图 3-19 为五个测点($x=60mm$、$-100mm$，$y=60mm$、$100mm$、$160mm$)位置上湿式柔性极板和干式刚性碳钢极板表面的电晕电流密度比 δ。由图 3-19(a)可知，在给定的两个 x 坐标的位置，沿 y 轴方向，电晕电流密度比 δ 均匀分布在 $\delta=2$ 的直线两侧。结果表明，湿式柔性极板的电晕电流密度大约是干式刚性碳钢极板的

两倍（$\delta \approx 2$）。由图 3-19（b）可知，在给定的三个 y 坐标的位置，沿 x 轴方向，电晕电流密度比 δ 的分布状况与图 3-16（a）中的电晕电流密度分布状况一致。电晕电流密度比 δ 不是固定值，正对芒刺电晕线芒刺尖端区域的电晕电流密度比 δ 最大（$\delta > 2$），正对芒刺电晕线芒刺光杆区域的电晕电流密度比 δ 最小（$\delta \approx 1$）。结果表明，极板表面水膜引起其表面电晕电流密度差异的大小和收尘极板与芒刺电晕线的相对位置有关。芒刺尖端正对的收尘极板区域，空间离子大，电晕电流密度较大，湿式柔性极板表面的电晕电流密度与干式刚性碳钢极板的差距较大。

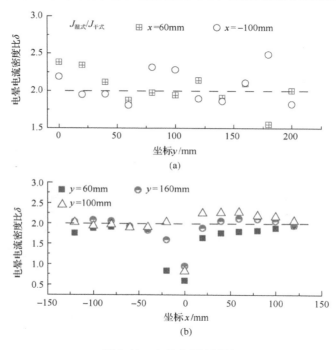

图 3-19　电晕电流密度比

3.5.5　湿式水膜静电场中电晕放电特性的试验研究

实际应用中静电除尘器的极配参数和芒刺电晕线种类多种多样，本小节主要研究了不同运行电压、异极间距及芒刺电晕线结构形式等条件下，干式刚性碳钢极板表面和湿式柔性极板表面电晕电流密度分布的差异。

图 3-20（a）为两个电压（40kV、50kV）下 RS4 芒刺电晕线在 $y=100$mm 坐标处湿式柔性极板和干式刚性碳钢极板表面电晕电流密度分布，图 3-19（b）为两种收尘极板表面电晕电流密度在两个电压下的比值。其中，异极间距为 175mm。

由图 3-20（a）可知，40kV 时，湿式柔性极板表面的电晕电流密度为 0～1.3mA/m²，干式刚性碳钢极板表面的电晕电流密度为 0～0.687mA/m²；50kV 时，湿式柔性极板表面的电晕电流密度为 0～2.11mA/m²，干式刚性碳钢极板表面的电晕电流密度为 0～1.1mA/m²。结果表明，同一工况下，湿式柔性极板表面的电晕电流密度大于干式刚性碳钢极板的，且收尘极板表面电晕电流密度随着电压的升高而增大。这主要是因为，电压升高，电晕区的有效电离系数 $(\alpha-\eta)$ 增大，更多的自由电子在电晕区被激发。由图 3-20(b) 可知，40kV 时，x=40mm 处电晕电流密度比 δ=2.27，x=100mm 处电晕电流密度比 δ=2.16。电晕电流密度比 δ 与电晕电流密度 J 分布呈正相关关系，电晕电流密度越大极板表面电晕电流密度差异越大。同一坐标(x=40mm) 下，50kV 时的电晕电流密度比 $\delta(\delta$=3.18)大于 40kV 时的(δ=2.27)。结果表明，电压越高，湿式柔性极板表面电晕电流密度与干式刚性碳钢极板表面的电晕电流密度差异越明显，电晕电流密度比 δ 越大。

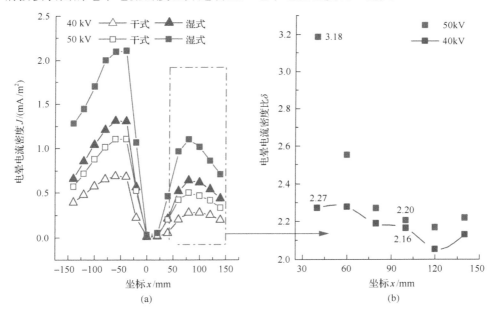

图 3-20　电压对收尘极板表面电晕电流密度分布的影响

图 3-21(a) 为两种异极间距(H=175mm、200mm)下，RS4 芒刺电晕线在 y=160mm 坐标处对应干式刚性碳钢极板和湿式柔性极板表面电晕电流密度分布，图 3-21(b) 为两种收尘极板表面电晕电流密度在两种异极间距下的比值，电压为 50kV。由图 3-21(a) 可知，异极间距 H=175mm 时，湿式柔性极板表面的电晕电流密度为 0～2.0mA/m²，干式刚性碳钢极板表面的电晕电流密度为 0～1.0mA/m²；异极间距 H=200mm 时，湿式柔性极板表面的电晕电流密度为 0～1.2mA/m²，干式刚性碳钢极板表面的电晕电流密度为 0～0.7mA/m²。结果表明，相同工况下，湿式柔性极板上的电晕电流均高于干式刚性碳钢极板；异极间距增大，极板表面

电晕电流密度减小,电晕电流密度的波动幅度减小,分布均匀性提高。由图 3-21(b) 可知,异极间距 H=175mm 时,沿 x 轴方向的电晕电流密度比 δ 约为 2;异极间距 H=200mm 时,沿 x 轴方向的电晕电流密度比 δ 约为 1.5。结果表明,收尘极板表面的电晕电流密度随异极间距 H 的增大而减小,极板表面电晕电流密度分布趋向均匀;异极间距的增大,湿式柔性极板表面电晕电流密度与干式刚性碳钢极板表面的电晕电流密度差异变得不明显。

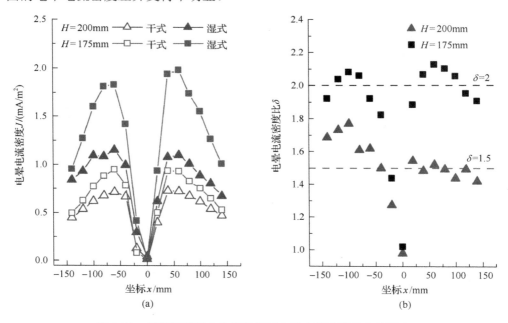

(a)　　　　　　　　　　　　　　　(b)

图 3-21　异极间距对收尘极板表面电晕电流密度分布的影响

图 3-22(a) 为两种芒刺电晕线(RS2、RS4)在 y=160mm 坐标处对应湿式柔性和干式刚性碳钢极板表面上电晕电流密度分布,图 3-22(b) 为两种芒刺电晕线对应表面电晕电流密度比 δ。由图 3-22(a) 可知,对于干式刚性碳钢极板,RS2 芒刺电晕线对应的电晕电流密度为 0~0.77mA/m²,RS4 芒刺电晕线对应的电晕电流密度为 0~0.95mA/m²;对于湿式柔性极板,RS2 芒刺电晕线对应的电晕电流密度为 0~1.44mA/m²,RS4 芒刺电晕线对应的电晕电流密度为 0~1.98mA/m²。相同条件下,RS4 芒刺电晕线对应收尘极板上的电晕电流密度高于 RS2 芒刺电晕线。结果表明,RS4 芒刺电晕线的放电能力优于 RS2 芒刺电晕线。这主要是因为,RS4 芒刺电晕线单位长度上的放电芒刺尖端比 RS2 芒刺电晕线多,芒刺尖端的增加提高了芒刺电晕线的放电能力。由图 3-22(b) 可知,RS4 芒刺电晕线,沿 x 轴方向的电晕电流密度比 δ 基本分布在 δ=2 的直线上下两侧;RS2 芒刺电晕线,沿 x 轴方向的电晕电流密度比 δ 基本分布在 δ=1.75 的直线上下两侧。相同工况下,RS4 芒刺电晕线

对应的湿式柔性极板和干式刚性碳钢极板表面电晕电流密度比高于 RS2 芒刺电晕线。结果表明，RS4 芒刺电晕线引起的湿式柔性极板表面电晕电流密度与干式刚性碳钢极板表面的电晕电流密度差异高于 RS2 芒刺电晕线。对比图 3-22(a) 中 RS2 和 RS4 芒刺电晕线对应收尘极板表面的电晕电流密度，发现湿式柔性极板表面与干式刚性碳钢极板表面电晕电流密度差异与静电场本身的放电能力呈正相关关系，芒刺电晕线的放电能力越强，电晕电流密度差异越大。

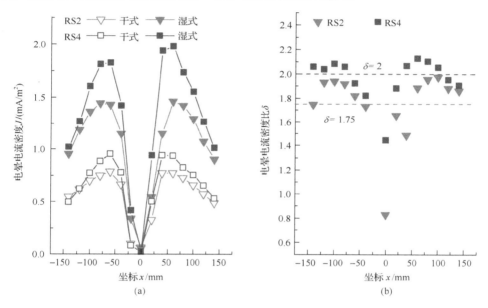

图 3-22　芒刺电晕线形式对极板表面电晕电流密度的影响

3.6　湿式水膜静电场中芒刺电晕线的选型

　　图 3-23 中实线表示五种电晕线对应的伏安特性曲线。五条曲线均呈抛物线状，电晕电流随电压的升高而升高；RS 芒刺电晕线的起晕电压最低，钉型芒刺电晕线次之，不同形式的芒刺线中锯齿芒刺电晕线的起晕电压最高；相同电压下，芒刺光杆的电晕电流最小，钉型和 RS 芒刺电晕线相近。对比 RS 芒刺电晕线与钉型芒刺电晕线的伏安特性曲线变化规律可知，相同电压下 RS 芒刺电晕线对应收尘极板上的伏安特性曲线的斜率低于钉型芒刺电晕线，电晕电流随电压升高的上升速率比钉型芒刺电晕线低。

　　伏安特性测量结果表明，芒刺光杆也会发生电晕放电，但放电能力较差，电晕电流较小；芒刺光杆上增加放电尖端明显提高了电晕线的放电能力，提高了电晕电流；四种芒刺电晕线中 RS 芒刺电晕线的起晕电压最低；高电压下六钉型芒刺电晕线的电晕电流最大。

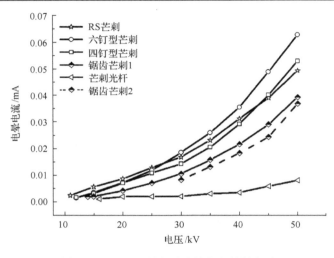

图 3-23　不同芒刺电晕线的伏安特性曲线

　　根据式(3-8)和式(3-10)计算得到不同条件下的平均电晕电流密度和电晕电流密度分布标准差。根据式(3-11)，得到每种芒刺电晕线在不同工况下的平均电场强度。类比静电除尘器的伏安特性曲线，得到平均电场强度 E 与电晕电流密度 J 和电晕电流密度分布标准差 σ 曲线。图 3-24 中的散点是平均电场强度 E 对应的电晕电流密度 J，曲线是拟合散点得到的平均电场强度和电晕电流密度的关系。通过图 3-24 发现，对于不同形式的电晕线，其电晕电流密度 J 与平均电场强度 E 满足二次函数关系。对比图 3-24 和图 3-23 可知，电晕电流密度随平均电场强度的变化规律与电晕电流随电压的基本一致。当平均电场强度低于 220kV/m 时，RS 芒刺电晕线的电晕电流密度明显高于其他形式的芒刺电晕线，因此 RS

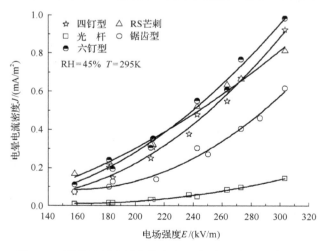

图 3-24　四种芒刺电晕线的电场强度-电晕电流密度曲线

芒刺电晕线容易发生电晕放电。当平均电场强度高于 220kV/m 时，六钉型芒刺电晕线的电晕电流密度明显高于其他形式的芒刺电晕线。因此，实际运行中的静电除尘器采用六钉型芒刺电晕线可以获得较高的电晕电流，促进细颗粒物的荷电和捕集，提高除尘效率。

图 3-25 中的散点是平均电场强度 E 下对应的电晕电流密度分布标准差 σ，通过散点分布发现，对于不同形式的电晕线，其电晕电流密度分布标准差 σ 与平均电场强度 E 也近似满足二次函数关系。

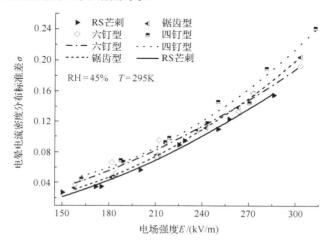

图 3-25　四种芒刺电晕线的电场强度-电晕电流密度分布标准差曲线

图 3-24 和图 3-25 中拟合得到的收尘极板上电晕电流密度及电晕电流密度分布标准差与平均电场强度的二次函数关系，其相关系数都在 0.95 以上，拟合效果较好。E-J 和 E-σ 曲线中的平均电场强度的计算过程综合考虑了电晕线种类、结构参数(芒刺高 h、光杆直径 d)和极配参数(异极间距 H)等因素。因此，芒刺电晕线的结构和极配参数对芒刺电晕线放电特性的影响，可以近似等效为平均电场强度对芒刺电晕线放电特性的影响。对于任一确定的芒刺电晕线种类，根据电晕线结构和极配参数计算出对应条件下的平均电场强度，便可通过 E-J 和 E-σ 曲线近似计算得到对应工况下的电晕电流密度 J 和电晕电流密度分布标准差 σ，根据电晕电流密度 J，更合理地估算电晕功率，确定电源参数。

为验证图 3-24、图 3-25 中拟合曲线的有效性，选取两种不同结构参数的芒刺电晕线(表 3-3)，在异极间距为 15cm、17.5cm 和 20cm 下，测试收尘极板的电晕电流密度大小及分布来验证拟合得到的电晕电流密度 J、电晕电流密度分布标准差 σ 与平均电场强度 E 的二次函数关系。

表 3-3   电晕线结构参数

芒刺类型	光杆直径 d/mm	芒刺高 h/mm	芒刺间距 L/mm
四钉型	20	30	100
六钉型	15	15	100

图 3-26 中的散点是试验测试得到的四钉型和六钉型芒刺电晕线对应收尘极板上电晕电流密度和电晕电流密度分布标准差数值，图中曲线是拟合得到的。如图 3-26 所示，试验值均匀分布在拟合曲线的两侧，试验值和拟合曲线的吻合程度较好。试验结果与拟合曲线的对比结果表明，改变结构参数后，芒刺电晕线的电晕电流密度 J、电晕电流密度分布标准差 σ 与平均电场强度 E 仍符合二次函数关系；因此图 3-24 和图 3-25 拟合得到的 E-J 和 E-σ 二次函数关系是有效的。

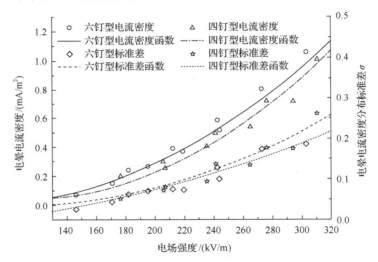

图 3-26   四钉型/六钉型电晕电流密度和标准差与平均电场强度的关系

3.7   本 章 小 结

本章主要从放电空间中的气态水分子和收尘极板表面液膜两方面对直流电晕过程中放电特性的影响进行讨论。围绕着干式刚性碳钢和湿式柔性极板静电场中收尘极板表面电晕电流密度分布的差异展开研究，定量分析比较了运行电压、异极间距及芒刺电晕线结构形式等条件下干式刚性碳钢极板表面和湿式柔性极板表面电晕电流密度分布的差异。以干式和湿式收尘极板表面电晕电流密度分布的差异为基础，从电晕放电角度分析了湿式水膜静电场中颗粒的高效捕集机理。主要结论如下：

(1) 放电空间中负极性水分子数目增多，一方面，水分子吸附于电晕线表面，引起静电场中起晕电场强度的降低和电晕电流升高；另一方面，水分子与自由电子复合形成负离子，导致电晕电流降低。空间电场强度不同，水分子对这两个过程的影响程度不同。电场强度较低时，电晕电流随着烟气湿度增大而增大；电场强度较高时，电晕电流随着烟气中相对湿度的增加而减小。烟气湿度增加，静电除尘器的起晕电压降低，击穿电压升高，即工作电压窗口增大，有利于静电除尘器的稳定运行。

(2) 湿式柔性极板静电场总电晕电流比干式刚性碳钢极板静电场高 50%～80%。收尘极板表面液膜提高了静电除尘器电晕放电能力、电晕功率和放电空间的离子密度。电晕放电能力的提高有利于以扩散荷电为主的细颗粒物在静电场的荷电效率和荷电颗粒的沉积。

(3) 不同收尘极板区域，极板表面液膜引起收尘极板表面电晕电流密度比 δ 不同。电晕电流密度比 δ 的大小与极板表面电晕电流密度分布呈正相关关系($1<\delta<3$)，正对芒刺电晕线芒刺尖端区域的电晕电流密度比 δ 最大($\delta>2$)，芒刺电晕线光杆正对区域的电晕电流密度比 δ 最小($\delta\approx1$)。极板表面水膜使收尘极板的电晕电流密度分布变得不均匀。

(4) 提出一种根据电场强度和电流密度、电流密度分布来表征湿式水膜静电场内芒刺电晕线放电特性的方法，兼顾了电晕功率和收尘极板面积的有效利用。根据芒刺电晕线结构和极配参数计算出对应条件下的平均电场强度，便可通过 E-J 和 E-σ 曲线近似计算得到对应工况下的电晕电流密度 J 和电晕电流密度分布标准差 σ。应选择放电强度高、电晕电流密度分布均匀、极板表面电晕死区分占比小的芒刺电晕线形式。

第4章 极板液膜影响电晕放电的数值模拟

收尘极板表面存在水膜，一方面负极性水分子蒸发进入放电空间增加了静电场内荷电颗粒沉积区的温度和湿度梯度，使放电空间中的电离介质发生改变；另一方面水膜附着浸润极板表面改变了收尘极板的电学性质，以上两方面综合作用使湿式水膜极板静电场中直流电晕放电过程发生变化。本章利用 COMSOL Multiphysics 软件中等离子模块，分别对干式和湿式水膜极板静电场内的直流电晕放电过程进行数值模拟，着重考察了极板表面水膜对电晕放电过程中空间电场强度、电子温度和电子、离子密度的影响，从空间电场的角度阐述了极板表面水膜对细颗粒物增效捕集的作用机制，为后续研究湿式水膜静电场中颗粒物的荷电特性提供参考。

4.1 高压静电场中直流电晕放电数学物理模型

将第 3 章中直流电晕放电物理模型(图 3-7)通过轴对称旋转模型进行简化处理，根据等离子体放电模块中流体-化学反应混合数值模型对简化后二维的线-板式电晕放电模型进行仿真计算。该放电模型包含一个椭圆状线放电极和平板状收尘极板。椭圆状线放电极的尺寸为长轴 a=0.4mm、短轴 b=0.2mm，线电极与收尘极板表面距离为 3.3mm(图 4-1)，仿真过程中，外部负极性直流电压为 500～1000V，环境温度为 293K，压力为 1MPa，气体介质为纯氩气(Ar)氛围。

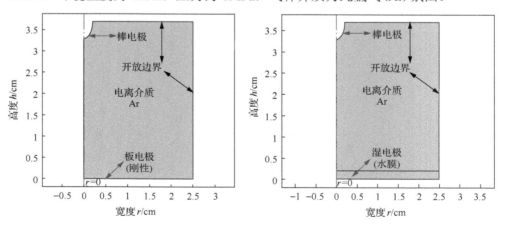

图 4-1 计算区域划分

忽略极板表面水膜蒸发对放电空间中电离介质的改性作用，湿式水膜静电场中液膜附着在极板表面，液膜浸润主要改变了收尘极板的电学性质。因此，本章将湿式水膜静电场电晕放电模型中接地刚性极板表面液膜抽象等效为一层（厚度 $\delta=0.2\text{mm}$）电学性质不同的电介质（纯水 $\varepsilon\approx80$），研究了湿式水膜静电场中极板表面液膜对直流静电场中电晕放电特性的影响。

4.1.1　流体动力学模型

电晕放电过程中空间静电场分布由泊松方程得到：

$$\vec{E} = -\nabla U \tag{4-1}$$

式中，$\vec{E}$ 为电场强度矢量，V/m；U 为电势，V。放电空间中的电场强度由外加电场和电离产生的正负离子形成的电场叠加组成，这一过程服从 Gauss 定理，即

$$\nabla^2 U = -\rho_{\text{v}}/\varepsilon_0 \tag{4-2}$$

式中，U 为电势，V；ρ_{v} 为电荷密度，C/m³；ε_0 为真空介电常数，8.85×10^{-12}F/m。

针对电晕放电过程中电子输运过程，忽略磁场效应，不计电子对流，建立得到放电空间中电子输运方程式(4-3)和电子能量密度方程式(4-5)[144, 145]：

$$\frac{\partial n_{\text{e}}}{\partial t} - \nabla\left(D_{\text{e}}\nabla n_{\text{e}} + \mu_{\text{e}}\vec{E}n_{\text{e}}\right) = S_{\text{e}} \tag{4-3}$$

$$\Gamma_{\text{e}} = -D_{\text{e}}\nabla n_{\text{e}} - \mu_{\text{e}}\vec{E}n_{\text{e}} \tag{4-4}$$

式中，n_{e} 为电子数密度，m⁻³；D_{e} 为电子扩散系数，m²/s；μ_{e} 为电子迁移率，m²/(V·s)；S_{e} 为电晕放电过程中形成的电子源项，即净产生速率，1/(m³·s)；Γ_{e} 为电子通量。

$$\frac{\partial n_{\varepsilon}}{\partial t} - \nabla\cdot\left(D_{\varepsilon}\nabla n_{\varepsilon} + \mu_{\varepsilon}\vec{E}n_{\varepsilon}\right) + \vec{E}\cdot\Gamma_{\varepsilon} = S_{\varepsilon} \tag{4-5}$$

$$\Gamma_{\varepsilon} = -D_{\varepsilon}\nabla n_{\varepsilon} - \mu_{\varepsilon}\vec{E}n_{\varepsilon} \tag{4-6}$$

式中，n_{ε} 为电子能量密度，V/m³；D_{ε} 为电子能量扩散系数，$D_{\varepsilon}=5/3D_{\text{e}}$[146]，m²/s；$\mu_{\varepsilon}$ 为电子能量迁移率，$\mu_{\varepsilon}=5/3\mu_{\text{e}}$，m²/(V·s)；$S_{\varepsilon}$ 为非弹性碰撞造成的能量损失，V/(m³·s)。

电晕放电过程中，放电空间除了自由电子还有正离子和负离子。离子的连续方程和能量方程与电子类似[147, 148]。

4.1.2　电化学反应模型

阴极放电极上施加电压后，电极之间形成静电场。放电空间中带电粒子在静电场作用下做定向移动，粒子与粒子及粒子与壁面间相互碰撞发生电离、扩散、附着和复合等。空气介质中的电晕放电属于低温非平衡态的等离子体放电，包含的反应过程复杂[149, 150]，计算量大，仿真计算模型收敛性差。因此，本章选取纯氩气作为放电空间的气体介质，氩气在放电过程中发生的主要反应如表 4-1 所示。

表 4-1　氩气在放电过程中粒子的主要化学反应过程[151]

序号	反应	类型	$\Delta \varepsilon/\mathrm{eV}$	速率常数 $k_f/[\mathrm{m}^3/(\mathrm{s} \cdot \mathrm{mol})]$
1	$e^- + Ar \longrightarrow e^- + Ar$	碰撞	0	—
2	$e^- + Ar \longrightarrow e^- + Ars$	碰撞	11.5	—
3	$e^- + Ars \longrightarrow e^- + Ar$	碰撞	−11.5	—
4	$e^- + Ar \longrightarrow 2e^- + Ar^+$	电离	15.8	—
5	$e^- + Ars \longrightarrow 2e^- + Ar^+$	电离	4.24	—
6	$Ar + Ars \longrightarrow Ar + Ar$	反应	—	1807
7	$Ars + Ars \longrightarrow Ar + Ars$	反应	—	2.3×10^7
8	$Ars \longrightarrow Ar$	复合	—	—
9	$Ar^+ \longrightarrow Ar$	复合	—	—

4.1.3　边界条件及初始值

电晕放电过程中棒电极上加载负极性电压时，阳极极板接地。放电过程是连续的离子反应，正离子在电场力的驱动作用下迁移运动并沉积在阴极线表面，因此正离子数浓度在棒电极表面处为零；同时，电子和负离子在电场力的驱动下沉积到阳极收尘极板表面，因此电子和负离子数浓度在极板表面处为零；其余开放边界作为零通量界面，如表 4-2 所示。

表 4-2　边界条件

边界条件	N_e	N_n	N_p
开放边界	$\vec{n} \cdot (-D_e \nabla N_e) = 0$	$\vec{n} \cdot (-D_n \nabla N_n) = 0$	$\vec{n} \cdot (-D_p \nabla N_p) = 0$
阴极线	$\vec{n} \cdot (-D_e \nabla N_e) = f_e$	$\vec{n} \cdot (-D_n \nabla N_n) = f_n$	$N_p = 0$
阳极板	$N_e = 0$	$N_n = 0$	$\vec{n} \cdot (-D_p \nabla N_p) = f_p$

注：$\vec{n}$ 表示指向外的法向量；下标 e、n、p 分别表示电子、正离子和负离子

4.1.4 外电路模型

外电路设计如图 4-2 所示，主要包括电容 $C(1\mathrm{pF})$、电阻 $R(5\mathrm{k}\Omega)$ 和高压电源 $U(500\sim1000\mathrm{V})$ 三部分。外电路设计可以为线-板电极两端提供稳定放电电压。线-板两端电压可以通过式(4-7)计算得到

$$\frac{\partial V_{\mathrm{d}}}{\partial t}+\frac{1}{C}\left(I_{\mathrm{p}}-\frac{V-V_{\mathrm{d}}}{R_{\mathrm{b}}}\right)=0 \tag{4-7}$$

式中，V 为供电电源电压；V_{d} 为线-板间电压；C 为电容；I_{p} 为放电电流；R_{b} 为保护电阻。其中，放电电流 I_{p} 可由式(4-8)计算得到

$$I_{\mathrm{p}}=-\int\left(\vec{n}\cdot\vec{J}_{\mathrm{i}}+\vec{n}\cdot\vec{J}_{\mathrm{e}}+\frac{\partial}{\partial t}(\vec{n}\cdot\vec{D})\right)\mathrm{d}S \tag{4-8}$$

式中，$\vec{J}_{\mathrm{i}}$ 为离子浓度；$\vec{J}_{\mathrm{e}}$ 为电子浓度。

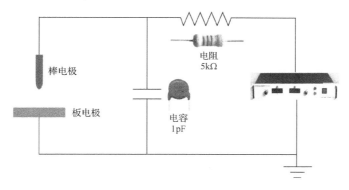

图 4-2　线-板式放电结构外电路示意图

4.2　数值仿真结果分析

粉尘颗粒进入静电场后与放电空间中的电子和负离子接触而完成荷电，荷电后的带电颗粒在电场力的驱动下向收尘极板运动，放电空间中的电场强度、电子和负离子浓度分布情况可间接反映静电场内颗粒物的荷电状况[152, 153]。因此，本小节主要通过二维等离子体化学反应数值模型，定量分析比较了干式极板和湿式水膜极板静电场放电空间中电场强度、电子和离子数浓度的分布。

4.2.1 模型验证

将仿真计算得到的伏安特性曲线与不同电压下试验测试(第 3 章)得到电晕电

流的结果进行比较，如图 4-3 所示，试验和计算结果表明，电晕电流随放电电压的增大而增大。当电压小于 3.5kV 时，试验值均匀分布在仿真计算得到的伏安特性曲线两侧，试验和仿真计算结果吻合度较高；当电压大于 3.5kV 时，仿真计算得到的电晕电流低于试验值，试验和仿真结果偏差较大。其主要原因为，图 4-1中直流电晕放电过程中采用的化学反应模型并未完全涵盖所有化学反应。整体而言，仿真计算得到的数据与试验数据吻合度较好，图 4-1 中模型可以较好地模拟直流静电场作用下的电晕放电过程。

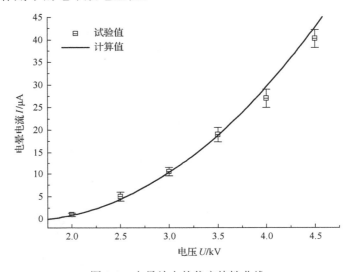

图 4-3　电晕放电的伏安特性曲线

4.2.2　极板表面液膜对静电场中空间电场强度的影响

图 4-4(a) 和 (b) 分别为干式和湿式水膜静电场内的电势分布(t=150ns)。由图 4-4 可知，电势最高(U= −700V)处位于放电极表面，电势最低(U=0V)处位于收尘极板表面，电势从放电极表面向收尘极板表面逐渐减小。图 4-4(c) 为干式和湿式水膜静电场内中轴线处的电势分布。由图可知，静电场中靠近放电极表面区域(2cm<z<3.3cm)电势快速下降并达到某一稳定值，这与文献[154]中研究结果一致。同一位置处，湿式水膜静电场中电势小于干式极板静电场。这主要是因为，湿式水膜静电场中极板表面液膜附着在收尘极板表面，形成一薄层电介质，减小了放电空间的间距。

图 4-5(a) 和 (b) 分别为干式静电场和湿式水膜静电场内沿轴线处电场强度 E的对数值随时间 t 的变化。由图可知，电场强度最大值(E=4.23×10⁶V/m)出现在阴极放电极上曲率半径最小的区域(z≈3.3cm)；随 z 坐标的减小(2cm<z<3.3cm)，

电场强度迅速降低到某一较低值($E=5.8\times10^4$V/m),并在靠近收尘极板的阳极区域($z<2$cm)基本保持这一较低值。对比 $t=6$ns、36ns、151ns 时轴线处电场强度的最大值,结果表明电场强度随着放电时间的增加而增大[155]。图 4-5(c)为 $t=151$ns 时,干式和湿式静电场内沿轴线处的电场强度。由图可知,同一位置处,湿式水膜静电场中的电场强度大于干式静电场。结果表明,收尘极板表面液膜浸润收尘极板,改变了收尘极板的电参数,提高了放电空间的电场强度。

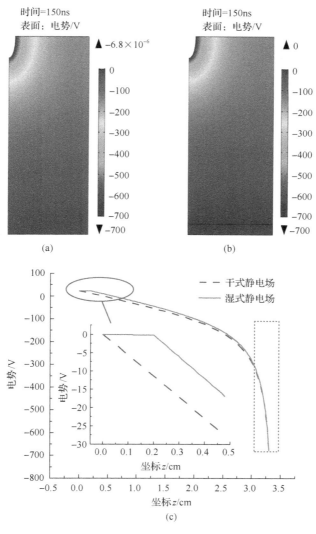

图 4-4　水膜对电势的影响

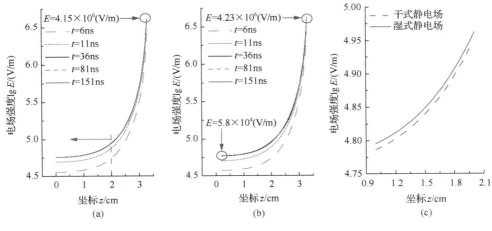

图 4-5　水膜对空间电场强度的影响

4.2.3　极板表面液膜对静电场中电子数浓度的影响

图 4-6 为干式和湿式水膜静电场内放电空间中电子数浓度的对数值随时间的

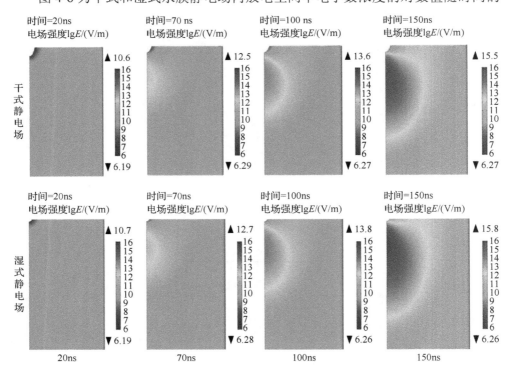

图 4-6　水膜对空间电子数浓度分布的影响

演变规律。由图 4-6 可知，放电空间中电子数浓度从放电极到收尘极表面逐渐降低。电子数浓度最大值位于放电极上曲率半径最小的区域，靠近阳极收尘极板处电子数浓度较低。结果表明，电晕放电首先发生在曲率半径较小的几何尖端，产生"尖端放电"现象。随着放电时间的推移，放电空间中的电子数浓度逐渐增大，空间中的电子在电场力的驱动下向收尘极板表面运动。

　　图 4-7(a)和(b)为干式和湿式水膜静电场内沿轴线处电子数浓度的对数值随时间 t 的变化。由图可知，放电空间中电子数浓度随放电时间增大而增大，这主要是因为随着放电过程的发展，放电强度越来越大，电晕区被电离的分子数量也越来越多。从放电极表面到阳极收尘极表面，电子数浓度呈先增大后减小趋势。

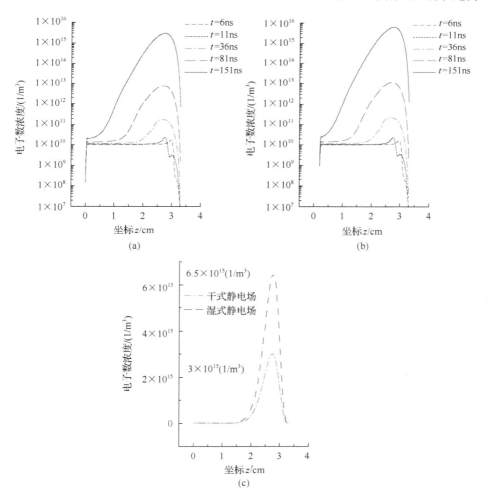

图 4-7　沿轴线方向的电子数浓度分布

图 4-7(c)为 t=151ns 时,沿轴线方向干式和湿式水膜静电场内电子数浓度比较。干式静电场中最大电子数浓度为 $3\times10^{15}(1/m^3)$,湿式水膜静电场中最大电子数浓度为 $6.5\times10^{15}(1/m^3)$。相同条件下,湿式水膜静电场内的最大电子数浓度比干式静电场高一倍多。

图 4-8 为 t=151ns 时,沿轴线处电场强度和电子数浓度分布情况。由图可知,$z\approx3.3cm$ 放电极表面区域,电场强度最大,其主要原因为放电极表面累积的正离子对放电极表面电场强度的加强作用;$2.8cm<z<3.3cm$ 区域,电场强度快速下降,其主要原因为放电极附近负电子累积屏蔽了一部分指向负极性电极的电力线而减弱了电离层内的合场强,电离层内的电离度将减小,电子产生速率降低。$z<2.8cm$ 区域,电离层充分发展,不再产生新的电子,空间中负电性粒子数目稳定,因此靠近阳极区域的电场强度近似均匀分布。

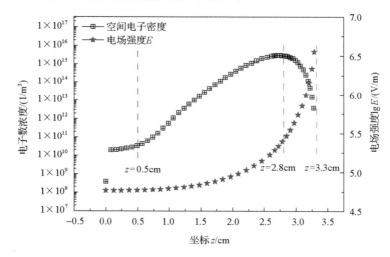

图 4-8 沿轴线方向电子数浓度分布和电场强度的关系

4.2.4 极板表面液膜对静电场中离子数浓度的影响

图 4-9 为干式极板和湿式水膜极板静电场内放电空间中离子数浓度对数值随时间的演变规律。由图 4-9 可知,放电空间中离子数浓度与图 4-6 中电子数浓度变化一致,离子数浓度最大值集中在放电极表面区域。对比图 4-9 中不同时刻下干式极板和湿式水膜极板静电场内离子数浓度,当 t=150ns 时,干式极板静电场内离子数浓度最大值为 37,湿式水膜极板静电场内离子数浓度最大值为 37.7。结果表明,相同情况下湿式水膜极板静电场内的离子数浓度高于干式极板静电场。

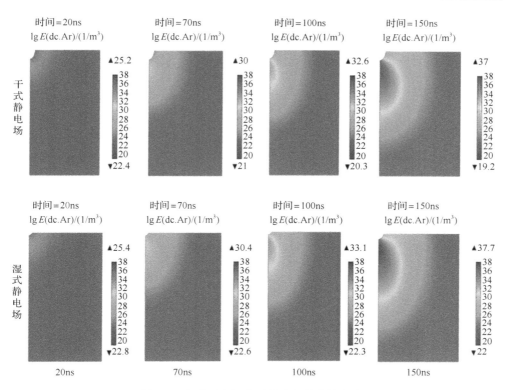

图 4-9　水膜对空间离子数浓度分布的影响

图 4-10(a)和(b)为不同时间下干式和湿式水膜静电场内轴线处离子数浓度的对数值随坐标 z 的变化。由图可知，随放电时间延长，放电空间中离子数浓度增大。这主要是因为随着放电过程的发展，放电强度越来越大，自由电子在电场的作用下做定向移动，移动过程中不断与气体分子碰撞而产生新的离子和电子，新产生的电子又参与到碰撞电离中去，使得电离过程得到加强，形成"电子崩"。随坐标 z 由小变大，放电极表面到阳极收尘极表面离子数浓度呈先增大后减小趋势，在阳极收尘极板表面区域负离子快速衰减，离子数浓度降至最小值。这主要是因为在电场力的驱动下，负离子运动到收尘极板表面与阳极表面发生复合。图 4-10(c)为 $t=151\text{ns}$ 时，轴线处干式和湿式水膜极板静电场内离子数浓度比较。由图 4-10(c)可知，干式静电场中最大离子数浓度为 $1.1\times10^{16}(1/\text{m}^3)$，湿式水膜静电场中最大离子数浓度为 $2.3\times10^{16}(1/\text{m}^3)$。相同条件下，湿式水膜静电场中的最大离子数浓度比干式静电场高一倍。

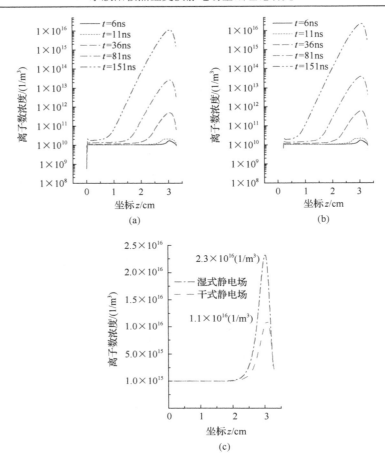

图 4-10　轴线处离子数浓度分布

4.2.5　极板表面液膜对静电场中电子温度的影响

等离子体放电过程中，电子温度反映了等离子体中电子平均动能的大小。图 4-11(a) 为干式极板静电场中沿轴线处电子温度分布曲线。由图 4-11(a) 可知，电晕放电过程中电子温度最大值(4.96eV)出现在电场强度较高的放电极表面($z\approx$ 3.3cm)。当 $z<2.2$cm 时，电子温度迅速下降到 1.36eV，并在该区域基本保持在这一值。这主要是因为，在放电极表面电子通过高电场强度的焦耳热效应获得能量并被加速与气体分子碰撞发生电离，电子能量降低[156, 157]。图 4-11(b) 为干式和湿式水膜极板静电场中轴线处电子温度随坐标 z 的分布曲线。由图可知，干式和湿式水膜极板静电场中轴线处电子温度随坐标 z 的变化趋势一致，同一坐标下湿式水膜极板静电场中的电子温度高于干式极板静电场。结果表明，较干式极板静电场，湿式水膜静电场内电子获得更多的能量，具有更高的动能。

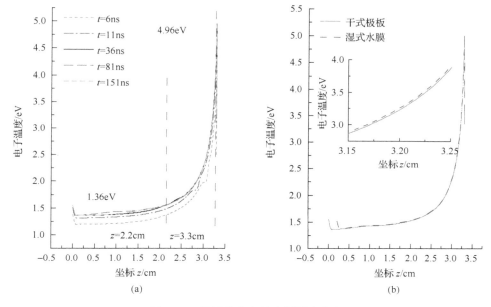

图 4-11　沿轴线方向的电子温度分布

4.3　本 章 小 结

本章利用 COMSOL Multiphysics 仿真软件中的等离子模块，将干式和湿式水膜极板静电场中的线-板式非均匀直流静电场中电晕放电模型进行简化处理，并提出了简化后的二维等离子体化学反应数值模型。通过该物理模型，定量分析比较了干式极板和湿式水膜极板静电场内放电空间中电场强度、电子温度、电子和离子数浓度的分布，得到的主要结论如下。

(1) 非均匀线-板式放电结构中，电晕放电主要发生在曲率半径较小的放电极表面，粒子(电子、离子)数浓度集中在放电极表面并向收尘极板逐渐减小；随着放电时间的延长，放电空间中电子数浓度增大，并且在电场力的驱动下负离子运动到收尘极板表面与阳极表面发生复合。

(2) 同一位置处，湿式水膜极板静电场内的电场强度和电子温度均大于干式极板静电场。结果表明，收尘极板表面液膜黏附在收尘极板表面，改变了收尘极板的电参数，提高了放电空间中电场强度和电子动能。

(3) 放电空间中电子和离子数密度随放电时间延长而增大。从放电极表面到阳极收尘极表面轴线处粒子数浓度呈先增大后减小趋势，在整个放电区域内湿式水膜极板静电场中的电子和离子数浓度约为干式极板静电场的两倍。

第 5 章　水膜极板表面颗粒沉积脱落特性

湿式静电除尘器极板表面液膜起到清灰和极板防腐的作用。极板表面液膜中的水分子在温度场、速度场和静电场的诱导下扩散进入主流烟气，改变了放电空间的物性参数，降低起晕电压，提高电晕电流密度和放电空间的离子密度，空间场强重新分布。相同规格参数下，湿式静电除尘器具有更高的电晕功率，强化了静电场中颗粒物荷电过程，提高了颗粒物的荷电量。同时，收尘极板表面沉积的颗粒在液膜的浸润下，其物化性质得到改变，比电阻降低，沉积粉尘层上电子传递阻力降低。二者共同作用，使静电场中颗粒荷电、运动和沉积环境得到改变。目前，国内外对湿式静电除尘器内颗粒物的荷电和运动沉积规律的研究不足。为此，本章主要采用试验的方法对湿式柔性水膜极板静电除尘器内颗粒物的荷电特性、荷电颗粒在收尘极板表面的堆积形貌和收尘极板上沉积颗粒的粒径分布及演变规律开展研究，分析了湿式水膜极板在颗粒物的荷电、运动、沉积和脱落方面的作用，探讨了湿式水膜极板表面荷电颗粒的堆积、沉积和脱落机理。

5.1　高压静电场中电场、颗粒荷电及运动理论分析

5.1.1　高压静电场中的电场特性及颗粒荷电

静电除尘器中电场主要由两部分组成，外加电压作用下形成的电场及放电空间离子和荷电粉尘的空间电荷形成的电场。在稳定状况下，忽略掉电晕电流产生磁场的作用，电晕线与收尘极板之间电场分布可以用泊松方程表示：

$$\nabla \vec{E} = -\nabla^2 U = \frac{\rho_v}{\varepsilon_0} \tag{5-1}$$

式中，$\vec{E}$ 为电场强度矢量，V/m；U 为电势，V；ε_0 为真空介电常数，取 8.85×10^{-12} F/m；ρ_v 为空间电荷密度，C/m^3。

电流连续性方程：

$$\nabla \vec{J} = -\frac{\partial \rho_v}{\partial t} \tag{5-2}$$

$$\vec{J} = \rho_v (\mu \vec{E} + u) \approx \rho_v \mu \vec{E} \tag{5-3}$$

式中，$\vec{J}$ 为电流密度矢量，A/m²；μ 为离子的迁移率，m²/(V·s)。

　　静电场中的气体被电离，产生大量的自由电子、正离子。自由电子在电场力的作用下穿过电离层向收尘极板移动，在移动过程中与气体分子(O_2、SO_2、H_2O 等)直接或间接作用结合形成负离子。颗粒物进入静电场与负离子结合而荷电，形成负粒子[158, 159]。静电场中颗粒物的荷电量与颗粒粒径、电场强度和停留时间等因素有关。静电场中颗粒的荷电机制主要有两种：场致荷电和扩散荷电。粒径大于 2μm 的颗粒，场致荷电起主要作用；粒径小于 0.2μm 的颗粒，扩散荷电起主要作用；粒径为 0.2~2μm 的颗粒，两种荷电机制均起作用。

　　负离子在静电场中不停地做不规则的热运动并撞击悬浮的粉尘颗粒。扩散荷电量与离子运动强度、碰撞概率、停留时间、颗粒直径、速度等条件有关。扩散荷电[160]荷电量的理论计算公式，如式(5-4)所示：

$$q_{\text{扩散荷电}} = \frac{2\pi\varepsilon_0 D_p KT}{e}\ln\left(1 + \frac{D_p \mu_i e^2 N_0}{8KT\varepsilon_0}t\right) \tag{5-4}$$

式中，q 为颗粒的元电荷数，个；e 为元电荷，1.6×10^{-19}C；D_p 为颗粒直径，m；K 为玻尔兹曼常量，1.38×10^{-23}J/K；μ_i 为气体热扩散速率，m/s；N_0 为空间离子数浓度，$10^{14}\sim10^{15}$ 1/m³；t 为颗粒进入荷电区后的时间，s；T 为气体温度，K。

　　静电场中的负离子在电场力的作用下沿电场线做定向移动，移动过程中气体负离子与颗粒碰撞使其荷电。颗粒带电后，对后续负离子具有斥力作用，因此颗粒的荷电速率逐渐下降，最终荷电粉尘颗粒自身产生的电场和外加静电场正好平衡，粉尘颗粒充电过程结束。场致荷电[161]荷电量的理论计算公式，如式(5-5)所示：

$$q_{\text{场致荷电}} = \left(\frac{3\varepsilon}{\varepsilon+2}\right)\left(\frac{\pi\varepsilon_0 E_0 D_p^2}{e}\right)\left(\frac{N_0 \mu e t}{N_0 \mu e t + 4\varepsilon_0}\right) \tag{5-5}$$

将式(5-5)简化可以得到静电场中粉尘颗粒的饱和荷电量，如式(5-6)所示：

$$q_{\text{场致荷电饱和}} = \left(\frac{3\varepsilon}{\varepsilon+2}\right)\left(\frac{\pi\varepsilon_0 E_0 D_p^2}{e}\right) \tag{5-6}$$

式中，ε 为颗粒物的相对介电常数；E_0 为电场强度，V/m；μ 为离子的迁移率，m²/(V·s)。

　　颗粒物在上述两种荷电机制中荷电量的比较如图 5-1 所示。

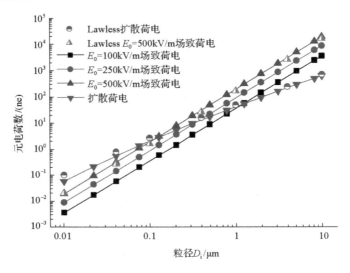

图 5-1　静电场中颗粒的元电荷数

$T=300K$，$\varepsilon=4$，$N_0=10^{14}(1/m^3)$

5.1.2　高压静电场中荷电颗粒的迁移及沉积

静电场中荷电颗粒在静电力 F_e、介质阻力 F_c 和惯性力 F_t 的共同作用下向收尘极板表面运动。按照牛顿定律，这三个力的合力为零，即

$$F_e - F_c - F_t = 0 \tag{5-7}$$

荷电颗粒在静电场中加速到最终速度所需要的时间与其在静电除尘器内停留的时间相比较小。荷电颗粒在向收尘极板表面迁移过程中，静电力 F_e 和介质阻力 F_c 最终达到平衡，荷电颗粒向收尘极板做等速运动，此时惯性力 $F_t=0$。式(5-7)可以简化为式(5-8)：

$$F_e - F_c = 0 \tag{5-8}$$

静电力 F_e 和介质阻力 F_c 可由库仑定律和斯托克斯定律计算得到：

$$F_e = qE_p \tag{5-9}$$

$$F_c = 6\mu\pi\omega r/C \tag{5-10}$$

式中，q 为颗粒荷电量，C；ω 为荷电颗粒的驱进速度，m/s；E_p 为静电场内收尘区的电场强度，V/m；μ 为介质黏度，Pa·s；r 为颗粒半径，m；C 是坎宁安修正因子。坎宁安修正因子[162, 163]可由式(5-11)计算得到：

$$C = 1 + \left[1.257 + 0.4e^{(-1.1r/\lambda)} \right] \lambda / r \tag{5-11}$$

式(5-9)和式(5-10)联立得到荷电颗粒的驱进速度公式：

$$\omega = CqE_\mathrm{p}/(6\mu r\pi) \tag{5-12}$$

静电场内收尘区的电场强度 E_p 可由式(5-13)计算得到：

$$E_\mathrm{p} = \sqrt{2Jb/(\varepsilon_0 k) + E_\mathrm{s}^2} \tag{5-13}$$

静电场内荷电颗粒在电场力的驱动下沉积到收尘极板表面。运行初期的干式静电除尘器，收尘极板表面无堆积颗粒层，颗粒的沉积是稳态过程。随着收尘极板上沉降颗粒层的增厚，颗粒上电荷穿过颗粒层而到达极板，颗粒层的存在降低了电荷释放速率，其表面存在累积的电荷，引起空间静电场的重新分布，对电晕放电及静电场内粉尘粒子的迁移造成影响，收尘效率下降，收尘极板上荷电粉尘沉积变为非稳态过程。畸变后的收尘场电场强度 E_p' [164]，如式(5-14)所示：

$$E_\mathrm{p}' = E_\mathrm{p} - \sigma/(2\varepsilon\varepsilon_0) \tag{5-14}$$

式中，σ 为粉尘层表面积累的电荷密度。

畸变后静电场内荷电颗粒的驱进速度减小为 ω'，即

$$\omega' = CqE_\mathrm{p}'/(6\mu r\pi) \tag{5-15}$$

对于湿式水膜静电除尘器，水膜冲刷一方面减小了极板表面颗粒堆积厚度；另一方面，水浸润极板表面沉积颗粒，对沉积的颗粒进行改性，使其比电阻降低，颗粒上电荷的释放速率对极板表面颗粒堆积厚度不敏感。稳定运行的湿式水膜静电除尘器，静电场内颗粒的荷电、沉积是稳态过程，荷电颗粒的驱进速度基本不随颗粒堆积而降低，相比干式静电除尘器，具有较高的电晕功率和细颗粒物脱除效率。

5.2　湿式高压静电场中颗粒脱除及荷电特性

湿式水膜静电场对颗粒物的脱除效率高于干式静电场。为研究湿式水膜静电场内颗粒物的高效脱除机制，本节设计了静电场内颗粒物荷电特性的试验系统。以干式静电场内颗粒物的荷电量为基础，研究了湿式水膜静电场内颗粒物的荷电特性，并深入探讨了扩散、场致两种荷电机制主导粒径范围内颗粒物在干式/湿式静电场内荷电特性的差异，从而更深刻地认识湿式水膜静电场内颗粒物的高效脱除机制。

5.2.1　试验系统及分析方法

颗粒物荷电特性的试验系统，如图 5-2 所示。试验系统主要分为三部分：模

拟烟气系统、静电除尘器模型和颗粒物测试系统。

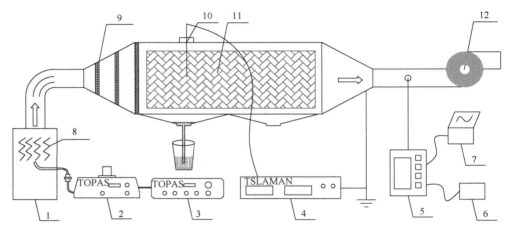

图 5-2　颗粒物荷电特性的试验系统

1.缓冲罐；2.气溶胶发生器；3.静电中和器；4.高压电源；5.ELPI；6.真空泵；7.计算机；
8.均流板；9.多孔导流板；10.电晕线；11.收尘极板；12.引风机

模拟烟气系统主要由颗粒物发生和混合系统组成。将煤粉炉末级静电场灰斗中的粉煤灰筛分后加入雾化式气溶胶发生器(TOPAS SAG-410)中，经过转动牙轮皮带的携带，输送至扩散器。压缩空气在喷嘴口形成的剪切力将从扩散器中输出的粉煤灰均匀分散形成气溶胶。调节皮带的转速，便可调节气溶胶的浓度。气溶胶进入静电中和器(TOPAS EAN-581)，在正负离子的作用下，气溶胶颗粒达到荷电平衡状态。模拟烟气在进入静电除尘器模型前先经过一级缓冲罐进行充分的混合，保证颗粒源的稳定性。试验过程中颗粒物的原始数浓度控制在$(2.5 \pm 0.2) \times 10^5$ $1/cm^3$，质量浓度约为$40mg/m^3$。通过 X 射线荧光光谱仪(Thermo Scientific PW4400)测试得到粉煤灰的氧化物成分，如表 5-1 所示。由粒径分析仪(济南润之科技有限公司，Size-2006)和扫描电子显微镜(scanning electron microscope，SEM)分别获得粉煤灰的质量粒径分布及颗粒表面形貌，分别如图 5-3(a)和(b)所示。由图 5-3(a)可知，筛分后的颗粒物中粒径小于 $10\mu m$ 的颗粒物占颗粒总质量的 61.57%，粒径小于 $20\mu m$ 的颗粒物占颗粒总质量的 93.83%。

表 5-1　粉煤灰的成分分析

成分	SiO_2	Fe_2O_3	Al_2O_3	SO_3	TiO_2	MgO
含量/%	52.2	4.17	32.3	2.80	0.880	1.09
成分	K_2O	Mn_3O_4	P_2O_5	Na_2O	CaO	未知
含量/%	1.00	0.0200	0.910	0.480	2.70	1.45

$D_{50}=8.272\mu m \quad D_{av}=9.570\mu m \quad D_{av}<10\mu m=61.57\% \quad D_{av}<20\mu m=93.83\%$

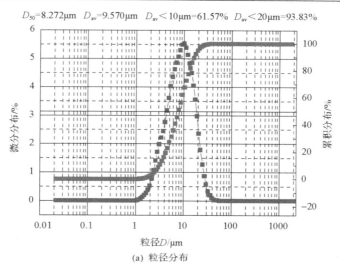

(a) 粒径分布

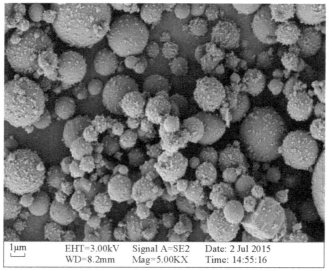

(b) 颗粒物表面形貌

图 5-3 粉煤灰粒径分布(a)及表面形貌(b)

静电除尘器模型为线-板式结构。电晕线由两根不锈钢丝(d=2mm，L=50mm)组成，相邻钢丝间距为 5cm。电晕线与负极性直流高压电源相连，峰值电压在 0~70kV 连续可调。二次电压和电流由高压电源的显示面板直接获得。收尘极由前后两块接地收尘极板(H=100mm，L=150mm)组成。本试验中分别采用碳钢和湿式柔性纤维布两种材料作为收尘极板。试验过程中，沿烟气方向柔性极板表面的冲洗水量为 2.5L/($m^2 \cdot h$)。电晕线和收尘极板固定在有机玻璃壳体内，电晕线与收尘极板间的距离为 5cm。调节静电除尘器模型入口调节阀的开度，可以调节静电场内部的流速。

颗粒物的数浓度分布可以通过电子低压冲击仪 (electrical low pressure impactor，ELPI) 在线实时测量。ELPI 主要由旋风切割器、荷电器、冲击器、电流表和真空泵五部分组成。ELPI 的测试原理如图 5-4 所示[165]。

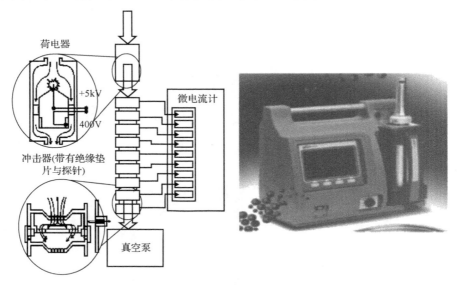

图 5-4　ELPI 测试原理

在真空泵的抽吸作用下，颗粒物依次穿过旋风切割器、荷电器后进入冲击器实现细颗粒的分级。通过旋风切割器后，粒径大于 10μm 的颗粒物被去除，粒径小于 10μm 的颗粒物在穿过荷电器时被强制荷电，达到已知的荷电状态。荷电后的颗粒进入冲击器后，根据它们的空气动力学直径，依据惯性撞击分离原理被分级为 14 级 (6nm～10μm)，每一级冲击器间相互绝缘且均与一个微电流计相连。分级后的荷电颗粒沉积在冲击器表面，颗粒物上的电荷转移到冲击器会产生微电流，这个电流被微电流表捕捉并记录。微电流计接收到的电流信号被转化为每一级的颗粒浓度 $[N_m(D_i)]$，其中，最后一级 (6～17nm) 的颗粒通过超细过滤层被截获。然后，关掉 ELPI 的荷电器，微电流计接收到的电流信号为从静电场中逃逸出来的颗粒物的原始电量转化得到的原始电流 $I_m(D_i)$。

颗粒物的分级脱除效率 $\eta(D_i)$ 可由式 (5-16) 计算得到：

$$\eta(D_i) = \frac{N_0(D_i) - N_m(D_i)}{N_0(D_i)} \times 100\% \tag{5-16}$$

式中，$N_0(D_i)$ 为 0kV 时颗粒物的数浓度，$1/cm^3$；$N_m(D_i)$ 为 m kV 时颗粒物的数浓度，$1/cm^3$。

粒径为 D_i 的颗粒物上带元电荷数 $n_m(D_i)$ 可由式 (5-17) 计算得到[166]：

$$n_m(D_i) = I_m(D_i) / eQN_m(D_i) \tag{5-17}$$

式中，$I_m(D_i)$ 为荷电器关闭时，每一级上得到的原始电流，fA（$1fA=10^{-15}A$）；Q 为 ELPI 的工作流量，10.01L/min；e 为元电荷，$1.602 \times 10^{-19}C$。

5.2.2　湿式高压静电场中颗粒脱除特性

试验室条件 ($T=293K$，RH=45%) 下，分别研究了两种收尘极板（干式、湿式）对颗粒物的脱除效果，试验过程中静电场内流速为 0.4m/s。

两种收尘极板对颗粒物的分级脱除率如图 5-5 所示。由图可知，两种极板对颗粒物的分级脱除率随粒径变化规律一致，均随粉尘粒径增大呈现先增大后减小再增大的趋势。分级脱除率在粒径为 0.04μm 时出现局部最大值，在粒径为 0.2~0.4μm 时出现最小值。这主要是因为粒径小于 0.04μm 的颗粒物理论饱和荷电量不足一个元电荷 e，因此其在直流静电场中难以被荷电[167,168]，静电场对该粒径段颗粒物的捕获效率较低。处于 0.1~1μm 粒径范围内的颗粒物在静电场中处于场致和扩散两种荷电机制[169]共同作用区域，该粒径段颗粒物在静电场中的电迁移率较低。因此，静电场内 0.1~1μm 粒径范围内颗粒物的穿透率较高，脱除率较低。相同工况下，湿式水膜极板对任一粒径段颗粒物的捕集效率均高于干式极板。其主要原因为，一方面，极板表面液膜冲刷彻底消除了收尘极板表面沉积颗粒的二次飞扬[170,171]；另一方面，相同工况下，湿式水膜静电除尘器比干式静电除尘器具有更高的电晕功率，强化了静电场中颗粒的荷电迁移过程[172,173]。

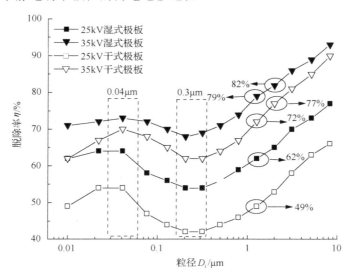

图 5-5　干式/湿式静电场中颗粒物的分级脱除率

5.2.3　湿式高压静电场中颗粒荷电特性

颗粒物在静电场内的荷电速率很高，0.001～0.015s 便达到饱和荷电量。荷电颗粒在电场力和曳力的驱动下沉积到收尘极板表面，静电场内颗粒的荷电和沉积过程同步发生。粒径较大、荷电量较大的颗粒在静电场中的有效迁移路径更短，飞行时间更短，在电场力的作用下优先被捕集并沉积在收尘极板上。图 5-6 为假想的荷电颗粒在静电场中的运动行为分析。由图 5-5 可知，相同工况下，湿式水膜静电除尘器对颗粒物的脱除率高于干式静电除尘器，从其中逃逸出的颗粒物数量低于干式静电除尘器，而且对荷电状态较低的颗粒捕集能力更大。这可能导致干式静电除尘器中逃逸的颗粒物数量和荷电状态高于湿式水膜静电除尘器，因此从静电除尘器出口逃逸出来的颗粒物不能准确反映颗粒物在静电场内部的荷电特性。为了研究干式极板和湿式水膜静电场中颗粒物的荷电特性，必须减小荷电颗粒在静电场中的沉积率。最终静电场内部流速定为 6m/s，颗粒物的停留时间约为 0.025s[174]。

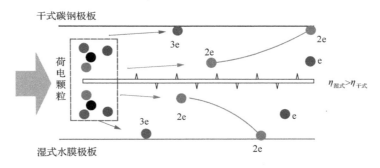

图 5-6　静电场中颗粒运动行为分析

图 5-7 为静电场内部流速为 6m/s 时，颗粒物在干式和湿式水膜极板静电场中的脱除率。由图 5-7 可知，35kV 时，湿式水膜极板和干式极板对粒径 1.990μm 颗粒物的脱除率分别为 24.3%和 23.6%，与图 5-5 中静电除尘器对颗粒物的脱除率（79%、72%）相比下降明显。结果表明，静电场内部流速提高，有效减小了静电场对颗粒物的脱除率。25kV 时，干式静电场中 94.2%粒径小于 0.129μm 颗粒物从静电场中逃逸，89.3%粒径小于 1.99μm 颗粒物从静电场中逃逸。大部分的颗粒物荷电后直接逃逸出静电场。35kV 和 40kV 时，湿式水膜极板和干式极板静电除尘器对细颗粒物脱除率相差约 1%。结果表明，从两种极板静电场中逃逸出来的颗粒物数目基本一致，两种极板静电场对颗粒物的捕集能力基本一致，因此试验条件下逃逸的粉尘荷电量可以准确反映静电场内部颗粒物的荷电特性。

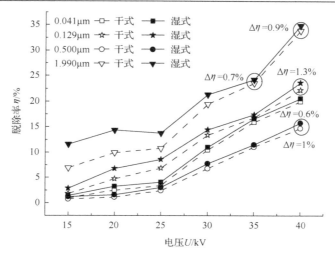

图 5-7   静电场对颗粒物脱除率的影响

    干式和湿式水膜极板静电场中逃逸颗粒物的平均荷电量与粒径的关系，如图 5-8 所示。由图 5-8（a）可知，直流静电场中颗粒物所带的元电荷数随颗粒粒径增大呈指数上升；同一粒径颗粒物所带元电荷数随电压升高而增大。由图 5-8（b）可知，直流静电场中粒径小于 0.07μm 颗粒的平均荷电量不足一个元电荷 e。结果表明，部分粒径小于 0.07μm 的颗粒在直流静电场中很难被荷电。35kV 时，湿式水膜极板静电场中逃逸出的 0.041μm 颗粒物所带的元电荷数为 0.83e，干式极板静电场中逃逸出的 0.041μm 颗粒物所带的元电荷数为 0.56e。同一粒径下，湿式水膜极板静电场内逃逸颗粒物的平均荷电量高于干式极板静电场中逃逸颗粒物的平均荷电量。结果表明，收尘极板表面湿式水膜对静电场中颗粒物的荷电具有促进作用。

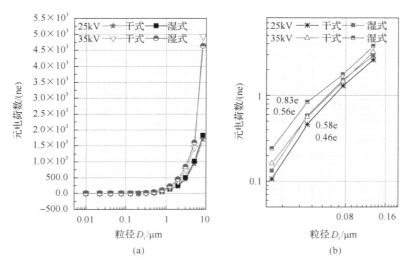

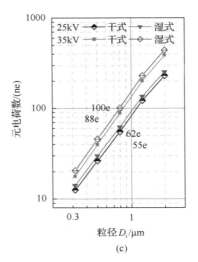

(c)

图 5-8　干式和湿式水膜极板静电场中颗粒物平均荷电量

　　图 5-9 为颗粒物的相对介电常数对颗粒物理论饱和场致荷电量的影响。由图 5-9 可知，粒径为 8.24μm 颗粒物的相对介电常数由 4 增大到 10 和 80，理论饱和荷电量分别提高了 25% 和 50%，静电场内颗粒物理论饱和荷电量随颗粒物相对介电常数的增大而增大。与干式极板相比，一方面，湿式水膜极板静电场具有更高的电晕功率，提高了空间离子密度，强化了颗粒物的荷电过程；另一方面，极板表面液膜中水蒸发进入静电场，吸附在颗粒表面，提高了颗粒物的相对介电常数[175]，静电场内颗粒物的荷电能力提高。这两方面综合作用，导致湿式水膜极板静电场中颗粒物的荷电量高于干式极板静电场。

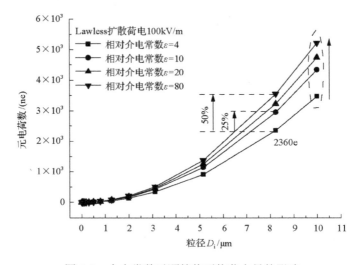

图 5-9　介电常数对颗粒物平均荷电量的影响

　　图 5-10(a)为三个电压(25kV、35kV、40kV)下，静电场内颗粒物相对荷电量(其数值等于湿式静电场颗粒荷电量与干式静电场颗粒荷电量相比)与颗粒物粒径的关系。相同工况下，将从干式极板静电除尘器中逃逸出来颗粒物的荷电状态定为100%。图 5-10(b)为干式和湿式水膜极板静电除尘器的伏安特性曲线和电晕电流比。

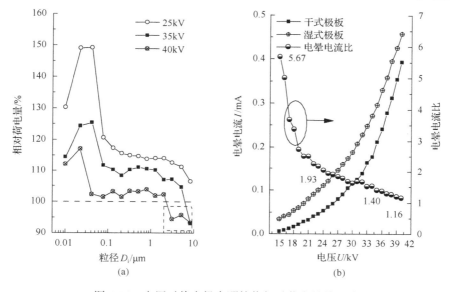

图 5-10　电压对静电场中颗粒物相对荷电量的影响

　　由图 5-10(a)可知，25kV 时，任一粒径颗粒物对应的相对荷电量均高于 100%，相对荷电量随颗粒粒径先增大后逐渐降低。粒径小于 0.1μm 的颗粒物，相对荷电量达到 150%；粒径大于 0.1μm 的颗粒物，相对荷电量约 115%。40kV 时，粒径小于 0.1μm 的颗粒物，相对荷电量可以达到 115%；粒径大于 0.1μm 的颗粒物，相对荷电量约 103%。结果表明，相同工况下，湿式水膜极板静电场中颗粒物的荷电量高于干式极板静电场，其中湿式水膜极板静电场对超细颗粒物($D_i<0.1$μm)荷电量的提升效果更明显。这主要与静电场内颗粒的荷电机制有关。粒径小于 0.2μm 的颗粒物处于扩散荷电机制作用下，静电场中空间离子密度是影响扩散荷电的主要因素。由图 5-10(b)可知，相同工况下，湿式水膜极板静电场的电晕电流高于干式极板静电场。同一电压下，湿式水膜极板静电场具有较高的电晕功率、空间离子密度，强化了颗粒物的扩散荷电过程，提高了粒径小于 0.2μm 范围内颗粒物在静电场的荷电速率。在电压为 35kV 和 40kV 时，相对荷电量随颗粒粒径增大的变化规律与 25kV 一致，相对荷电量随颗粒粒径先增大后逐渐降低。同一粒径下，25kV 时颗粒物的相对荷电量高于 35kV 和 40kV 时；运行电压提高，颗粒物的相对荷电量降低。结果表明，电压较高时，湿式水膜极板静电场中逃逸的颗粒物

荷电量与干式极板静电场中逃逸出来的荷电量差异变小，湿式水膜极板静电场对颗粒物荷电量的提高效果在低电压时较为明显。这主要与静电场中的电晕电流有关。

由图 5-10(b) 可知，25kV、35kV、40kV 时，湿式水膜极板静电场与干式极板静电场电晕电流比值分别为 1.93、1.40、1.16，随着电压的增大，干湿极板静电场电晕电流间的差异变小。由图 5-10(a) 可知，40kV 时，粒径大于 2μm 颗粒的相对荷电量低于 100%。结果表明，电压较高时，湿式水膜极板静电场中逃逸的颗粒物荷电量低于干式极板静电场的。其可能原因为，湿式水膜极板静电场具有较高的电晕功率、空间离子密度，空间负粒子累积降低了静电场的电场强度，进而对场致荷电机制作用粒径 $(D_i > 2\mu m)$ 范围内的颗粒物的荷电具有抑制作用。

5.3　极板表面颗粒堆积形貌及粒径演变规律

本节主要围绕静电场中收尘极板表面沉积颗粒粒径的沿程演变规律开展研究，考察了收尘极板表面液膜对静电场内荷电颗粒的沉积及沿程粒径分布演变规律的影响。试验过程中柔性极板表面的冲洗水量定为 $0.5L/(m^2 \cdot h)$，该布水量既可以保证柔性极板充分润湿又可以使其表面沉积的颗粒物不被冲刷进入灰斗。其中，颗粒物浓度为 $130mg/m^3(90Hz)$，烟气流速为 1m/s，烟气温度为 20℃。

5.3.1　试验系统及分析方法

颗粒沉积特性测试系统如图 5-11 所示。试验系统主要分为三部分：模拟烟气发生系统、静电除尘器模型和测试系统。

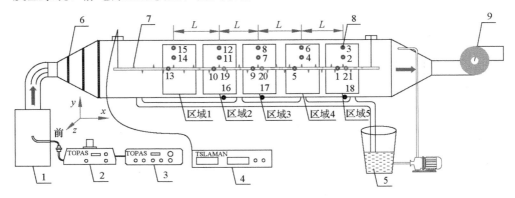

图 5-11　试验系统及采样点设置

1.缓冲罐；2.气溶胶发生器；3.静电中和器；4.高压电源；5.灰水桶；6.均流板；7.电晕线；8.采样点；9.引风机

模拟烟气发生系统与图 5-2 相同，模拟烟气在进入静电除尘器模型前先经过一级缓冲罐进行充分的混合，以保证颗粒源的稳定性。静电除尘器模型为水平单电晕线线筒式结构。电晕线为 RS 四齿芒刺[图 3-13(a)]，芒刺尖端正对前后收尘极板表面；收尘极为干式不锈钢和湿式柔性水膜两种收尘极（H=500mm，L=2500mm）。试验过程中沿烟气流动方向，湿式柔性水膜极板表面的冲洗水量为 1.5L/($m^2\cdot$h)。该布水量既能保证湿式柔性水膜极板表面完全润湿又能使极板表面积灰状态完整。RS 四齿芒刺电晕线与收尘极板间的距离为 20cm。试验过程中，静电场内的烟气流速为 1m/s。在电压为 45kV，粉尘浓度为 100mg/m^3 条件下累积运行 5h。

　　为了后续采样分析的方便，定义了 x 轴、y 轴、z 轴三个方向（图 5-11）。其中，x 轴方向沿电晕线方向，y 轴方向垂直于电晕线方向，z 轴方向垂直于电晕线指向收尘表面。沿 x 轴方向，将收尘极板分为五个收尘区域（区域 1～区域 5），相邻区域间距 L 为 50cm。按照预先设定的采样点，在每个采样点刮取 2cm×2cm 大小的沉积灰样。通过蒸馏水（作为分散介质）稀释，采用全自动激光粒度分析仪（Rise-2006）对各个采样点沉积的颗粒粒径分布进行研究，粒度分析仪的基本参数如表 5-2 所示。

表 5-2　Rise-2006 全自动激光粒度分析仪主要参数

项目	Rise-2006
原理	全量程米氏散射理论
测量范围/μm	0.05～800
准确性误差/%	<±1（国家标准 D_{50}）
重复性误差/%	<±1（国家标准 D_{50}）

5.3.2　干式高压静电场中极板表面颗粒堆积形貌及粒径演变规律

　　图 5-12(a)为 RS 芒刺电晕线对应收尘极板上的电晕电流密度分布；图 5-12(b)为 RS 芒刺电晕线对应收尘极板上的粉尘颗粒堆积形貌。对比图 5-12(a)和(b)可知，收尘极板上粉尘颗粒堆积形貌与收尘极板表面电晕电流密度分布一致。采样点 1 的粉尘层厚度较薄，对应收尘极板表面电晕电流密度较小的区域；采样点 2 的粉尘层厚度较厚，对应收尘极板表面电晕电流密度较大的区域。

　　图 5-13 为静电场中沿 x 轴方向，不同采样区域（区域 5、区域 3、区域 1）在 y 轴方向上各个采样点对应的颗粒粒径分布。由图 5-13 可知，区域 1 中采样点 13、采样点 14、采样点 15 对应的粉尘颗粒的平均粒径分别为 9.941μm、8.534μm、9.018μm；区域 3 中采样点 7、采样点 8、采样点 9 对应的粉尘颗粒的平均粒径分别为 3.638μm、4.349μm、4.910μm；区域 5 中采样点 1、采样点 2、采样点 3 对应的粉尘颗粒的平均粒径分别为 2.759μm、1.956μm、2.005μm。结果表明，同一区域中，电晕电流密度较大区域（采样点 2、采样点 7、采样点 14）沉积的粉尘的平均粒径小于电晕电流密度较小区域（采样点 1、采样点 9、采样点 13）。与收尘极

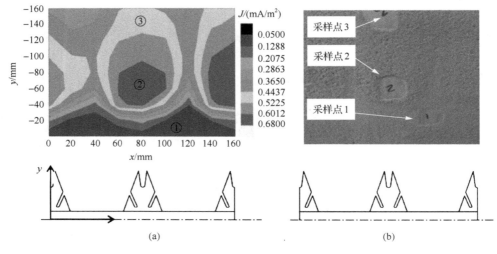

图 5-12　y 轴方向电晕电流密度(a)及颗粒堆积形貌(b)

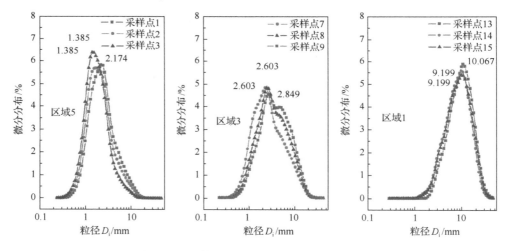

图 5-13　y 轴方向颗粒粒径分布及演变规律

板表面电晕电流密度较小区域相比，荷电细颗粒物在收尘极板表面电晕电流密度较大区域的沉积概率更高。这主要是因为，收尘区电场强度与收尘极板表面电晕电流密度呈正相关关系[式(5-13)]，电晕电流密度较大的区域，收尘区电场强度较大，荷电粒子的有效驱进速度较高，对细颗粒物的捕集能力更强[176]。

图 5-14 为静电场中沿 x 轴方向，前收尘极板上沉积颗粒的堆积形貌。由图可知，沿烟气流动方向，收尘极板表面上粉尘颗粒堆积厚度逐渐减小；静电场中芒刺电晕线光杆正对的收尘极板区域(采样点 13、采样点 10、采样点 9、采样点 5、采样点 1)颗粒堆积厚度均较小。结果表明，静电场中荷电颗粒优先沉积在收尘极

板表面电晕电流密度较大的区域，荷电颗粒在芒刺电晕线光杆正对的收尘极板电晕电流密度较小的"电晕死区"沉积概率较低。对比区域 1 和区域 5，随着粉尘堆积厚度的增加，收尘极板表面粉尘堆积形貌与其电晕电流密度分布的对应关系变弱。结果表明，收尘极板表面粉尘堆积厚度的增加弱化了收尘极板表面电晕电流密度分布的不均匀性。这主要是因为，收尘极板表面无粉尘堆积时，静电场中荷电颗粒优先沉积到收尘极板表面电晕电流密度较大区域。该区域粉尘堆积厚度逐渐增大，极板表面电阻增大，粉尘颗粒上的电子释放速率逐渐降低，电子在堆积粉尘颗粒表面实现累积，降低了该区域的电场强度。最终，荷电离子在该区域的沉积速率降低。

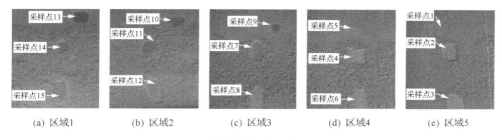

(a) 区域1　　(b) 区域2　　(c) 区域3　　(d) 区域4　　(e) 区域5

图 5-14　前收尘极板上颗粒堆积形貌

图 5-15 为静电场中沿 x 轴方向，下收尘极板上沉积颗粒的堆积形貌。对比图 5-13 和图 5-14 发现，同一 x 轴坐标下，下收尘极板表面上粉尘颗粒堆积厚度和均匀性均大于前收尘极板，而且没有粉尘颗粒堆积厚度较薄区域。结果表明，线筒式静电除尘器中荷电粉尘沉积在芒刺正对的两个收尘极板表面的概率高于另外两个极板表面。这主要是因为，芒刺尖端到下收尘极板表面距离更小，平均电场强度更大，静电场中荷电颗粒的有效迁移速率更大，因此荷电颗粒在芒刺正对的两个收尘极板表面沉积概率更高。

(a)　　　　　　　(b)　　　　　　　(c)

图 5-15　下收尘极板上颗粒堆积形貌

图 5-16 为沿 x 轴方向，收尘极板壁面(下、前)、电晕线上沉积粉尘颗粒的粒径分布。沿烟气方向，收尘极板壁面、电晕线上沉积粉尘颗粒的粒径由大到小变

化。结果表明，沿烟气方向静电除尘器实现了不同粒径颗粒物的分级捕集。静电场中大粒径颗粒物驱进速度较大，较短时间内便在电场力的作用下运动到收尘极板表面被捕集。与大粒径颗粒物相比，小粒径颗粒物在静电场中的驱进速度较小，停留时间延长。区域5中采样点18、采样点2对应颗粒的平均粒径分别为1.956μm、2.431μm；区域3中采样点17，采样点7对应颗粒的平均粒径分别为3.638μm、3.674μm。同一区域中，下极板上沉积的颗粒平均粒径小于前极板。结果表明，同一 x 轴坐标下，线筒式静电除尘器中下极板和前极板对颗粒物的捕集能力不同，细颗粒物优先沉积在下极板。芒刺尖端正对的下极板对颗粒物的捕集能力更强。

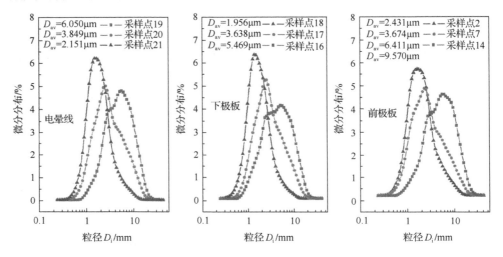

图 5-16　x 轴方向极板及电晕线表面沉积粒径分布演变规律

5.3.3　湿式高压静电场中极板表面颗粒堆积形貌及粒径演变规律

本小节主要对湿式柔性极板表面堆积颗粒的微观形貌及粒径演变规律进行研究。图 5-17(a) 为没有颗粒堆积的湿式柔性极板表面的原始形貌，图 5-17(b) 为湿式柔性极板经纬线交织处的局部放大图，图中①位置处为纤维间隙，②位置处为纤维。由图可知，湿式柔性极板表面上纤维间隙和纤维交替排列导致微观上收尘极板表面高低凹凸不平。图 5-17(c) 和 (d) 为荷电粉尘沉积黏附在湿式柔性极板表面后的形貌。对比图 5-17(b) 和 (c) 可知，静电场中荷电粉尘主要沉积在湿式柔性极板表面凸出的纤维表面。这主要是因为，液膜浸润柔性纤维并填充在纤维间隙中，沉积颗粒中可溶性物质溶解进入液膜，因此极板表面液膜中含有多种正负离子(Ca^{2+}、Cl^-、Na^+、K^+等)。液膜中的正负离子在静电场的作用下定向移动，其中正离子在其作用下聚集在湿式柔性极板曲率半径较小的凸出处的纤维表面

（图 5-18）。负极性荷电颗粒在电场力的驱动下迁移到收尘极板表面，并在正电荷静电引力的作用下优先沉积在湿式柔性极板凸出处的纤维表面[177]。

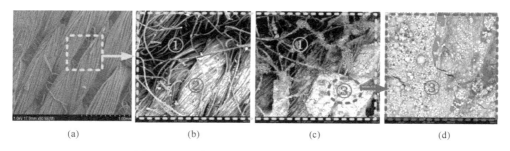

(a)　　　　　　　(b)　　　　　　　(c)　　　　　　　(d)

图 5-17　湿式柔性极板表面荷电颗粒堆积位置

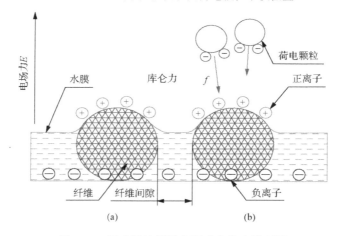

(a)　　　　　　　　　　　　　(b)

图 5-18　湿式柔性极板表面感应带电模型图

图 5-19(a)～(f)为湿式柔性极板表面颗粒堆积形貌随时间的变化。由图 5-19(a)～(f)可知，湿式柔性极板静电除尘器运行 30min 后，静电场内荷电颗粒沉积在柔性极板表面，堆积在一起形成直径较小的团聚体且分布较均匀；运行 90min 后，收尘极板表面颗粒物堆积形成的团聚体呈分散状不规则的球状分布；运行 150min 后，大部分收尘极板表面被球状团聚体覆盖。结果表明，荷电颗粒沉积到湿式柔性极板表面后形成大量球状团聚体黏附在极板表面。图 5-19(g)为干式极板表面颗粒堆积形貌。对比图 5-19(a)～(f)和(g)可知，干式极板表面粉尘堆积形貌与电晕线的结构形式一致，芒刺尖端正对处极板上粉尘堆积结构密实；湿式柔性极板表面堆积颗粒呈无规则的松散状分布。这主要是由干式/湿式极板表面堆积粉尘层比电阻的差异导致的。

实际运行中湿式柔性极板表面连续布水，因此收尘极板表面积灰及清灰过程同时发生。为研究湿式柔性极板表面颗粒物的沉积及沿程粒径分布演变规律，需要将静电场中颗粒物的沉积及清灰过程分离。试验过程中首先将湿式柔性极板的表面完全润湿，然后将布水管路关闭，在电压为 45kV，粉尘浓度为 100mg/m³ 条件下累积运行 5h，将同时进行的积灰、清灰过程变为单一的积灰过程。试验结束后，从静电场中区域 1、区域 3、区域 5 中的采样点 15、采样点 8、采样点 3 处取灰样做粒径分析。

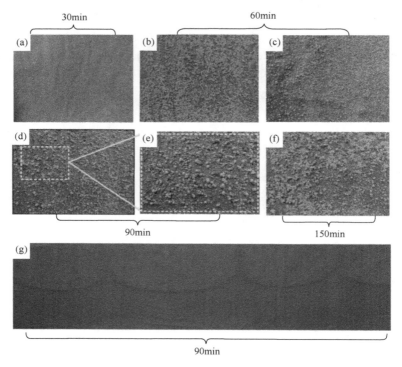

图 5-19　湿式柔性极板表面沉积颗粒堆积形貌随时间的变化〔(a)～(f)〕
及干式极板表面颗粒堆积形貌(g)

图 5-20 为干式和湿式柔性极板表面沿程沉积粉尘颗粒的粒径分布及演变结果。由图 5-20(a)～(c)可知，沿电场方向 L=0cm 处，极板表面沉积的颗粒中 $PM_{2.5}$ 的含量分别为 6.11%(干式)和 16.04%(湿式)；L=100cm 处，极板表面沉积的颗粒中 $PM_{2.5}$ 的含量分别为 40.42%(干式)和 67.64%(湿式)；L=200cm 处，极板表面沉积的颗粒中 $PM_{2.5}$ 的含量分别为 62.51%(干式)和 66.83%(湿式)。结果表明，静电场中同一位置，湿式柔性极板上沉积的颗粒物中 $PM_{2.5}$ 的含量大于干式极板；沿烟气方向极板表面沉积的颗粒物中 $PM_{2.5}$ 含量逐渐增大且干式和湿式柔性极板间含量差异减小。图 5-20(d)～(f)为干式和湿式柔性极板上沉积粒径的微分分布。区域 1 中采样点 15，湿式柔性极板表面沉积的颗粒物平均粒径为 6.900μm，干式极板表面沉积的颗粒物平均粒径为 9.018μm；采样点 8，湿式水膜极板表面沉积的

颗粒物平均粒径为 2.634μm，干式极板表面沉积的颗粒物平均粒径为 4.349μm。同一位置处，湿式柔性极板表面沉积的颗粒物平均粒径小于干式极板。结果表明，相同工况下湿式水膜静电场中颗粒物迁移到收尘极板表面的时间比干式静电场短，在静电场中的有效迁移路径更短，因此湿式水膜静电场对颗粒物的捕集能力更强。

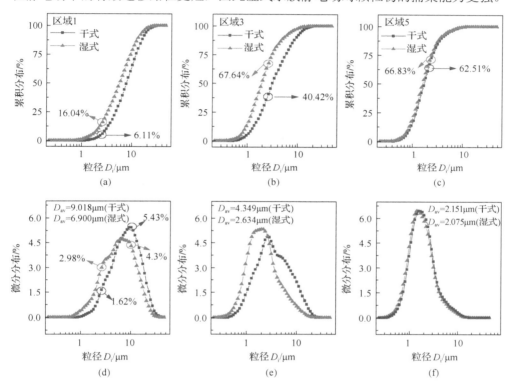

图 5-20 干式/湿式柔性极板表面沉积粉尘颗粒沿程粒径分布演变规律

5.4 湿式高压静电场中极板表面颗粒堆积机理分析

图 5-21(a) 为干式极板表面荷电颗粒堆积示意图。荷电颗粒在电场力的驱动下向极板表面运动并沉积在极板表面。干态粉尘层的比电阻较大，降低了沉积颗粒上负电荷的释放速率，堆积粉尘层表面存在负电荷的累积，对后续颗粒沉降产生斥力的作用。静电场中负电性荷电颗粒优先沉降在极板表面无粉尘堆积的区域(过程 2)，最终在收尘极板表面均匀形成积灰层(过程 3)。图 5-21(b) 为湿式极板表面荷电颗粒堆积示意图。在液膜的浸润作用下，极板表面堆积粉尘层的比电阻降低，电子传递阻力减小，沉积颗粒上的负电荷很快便穿过粉尘层传递到收尘极板。同时，在静电场的作用下，被浸润的颗粒表面感应出现与收尘极板电性相同的正电

荷，静电场中的负电性荷电颗粒在静电引力的作用下优先沉降在正电荷存在的表面区域(过程 1)。颗粒上的电荷迅速释放，在毛细力的作用下其表面被液膜浸润并在静电场的作用下重新感应出现正电荷(过程 2)。如此循环往复，最终荷电颗粒堆积团聚在一起，在水膜极板表面随机形成球状积灰点[178](过程 3)。

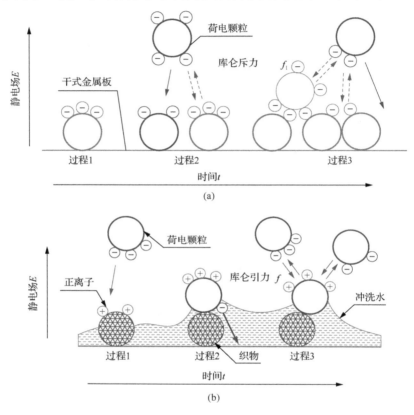

图 5-21　干式(a)/湿式柔性(b)极板表面颗粒堆积示意图

5.5　湿式高压静电场中极板表面颗粒脱落机理分析

粉尘颗粒靠颗粒与颗粒之间和颗粒与收尘极板之间的黏结力堆积在收尘极板上。对于干式静电除尘器，颗粒附着在极板上，主要受静电力 F_e、附着力 F_f、范德华力 F_v、分子间静电力 F_i 等作用。

荷电颗粒在电场力的驱动下沉积到收尘极板表面，颗粒上的电荷穿过堆积粉尘层到达接地极板。颗粒上的电荷泄露符合电容放电规律，即

$$q_1=qe^{-t/\rho\varepsilon} \tag{5-18}$$

其中，q_1 为 t 时刻粉尘粒子的荷电量，C；ρ 为粉尘比电阻，$\Omega \cdot cm$。

荷电颗粒附着在收尘极板表面时受到静电力 F_e 的作用，该力对极板上粉尘附着、堆积起至关重要的作用。静电力 F_e 由式（5-19）获得：

$$F_e = E_p' q e^{-t/\rho\varepsilon} \tag{5-19}$$

对于干式极板[图 5-22（a）]，极板表面堆积粉尘层比电阻较大，荷电颗粒上自由电子传输速率降低，堆积粉尘层的表面有残存的负电荷，带电粉尘粒子与收尘极板间的静电力 F_e 的作用较强，使粉尘颗粒附着在收尘极板表面；颗粒与颗粒之间主要在范德华力 F_v、分子间静电力 F_i 的作用下黏结到一起，颗粒间液桥力 F_l 的作用可以忽略。对于湿式柔性极板[图 5-22（b）]，液膜浸润降低了粉尘比电阻，自由电子传输阻力降低，极板表面堆积粉尘层中累积的电荷数目较少，静电力 F_e 的作用较弱；同时，失去电荷的粉尘粒子在静电场中被极化并在颗粒表面感应出正电荷，因此湿式柔性极板表面堆积的粉尘颗粒还受感应静电力 F_{ei} 的作用。由于液膜表面张力的存在，液膜对沉积的颗粒有附着力 F_f 的作用，这三个力共同作用使颗粒黏附在极板表面。在水膜浸润下，极板表面沉积的颗粒与颗粒之间主要在液体界面能力和液桥力 F_l 的作用下黏结到一起，有效避免脱落过程中的二次飞扬。结果表明，极板表面液膜浸润堆积粉尘颗粒，降低了粉尘比电阻，减小了堆积颗粒所受静电力 F_e 的作用，增强了颗粒与颗粒之间的黏结能力。

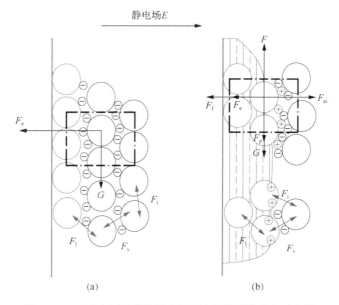

图 5-22　干式（a）/湿式柔性（b）极板表面颗粒受力示意图

干式静电除尘器的粉尘黏附到一定厚度，借助振打冲击力，克服静电力 F_e 的黏附作用，使其成片状剥离收尘极板表面；湿式水膜静电除尘器，在极板表面液膜流动曳力 F_p 裹挟、冲刷和堆积粉尘自身重力 G 的作用下，从收尘极板表面脱落。在此过程中，主要克服由静电力 F_e 和附着力 F_f 所引起的摩擦力 F 的作用。

图 5-23 为示踪墨水颗粒在湿式柔性极板表面的扩散过程。其中，极板表面的布水量为 0.5L/(m²·h)，低雷诺数水膜流动条件下，极板表面没有明显的水流层。在自身重力和液膜流动曳力 F_p 裹挟、冲刷的作用下，收尘极板表面的示踪墨水在 10s 内便被冲刷干净。结果表明，柔性疏水纤维织物极板表面在低雷诺数液膜流动条件下就能形成充满渗流区的连续流动。该连续流动的液膜层起润滑作用，有效避免了极板与堆积粉尘层的直接接触，减小了沉积颗粒和收尘极板间摩擦力 F 的作用。

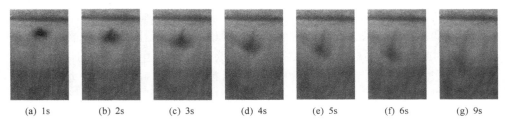

(a) 1s　　　(b) 2s　　　(c) 3s　　　(d) 4s　　　(e) 5s　　　(f) 6s　　　(g) 9s

图 5-23　示踪墨水颗粒在湿式柔性极板表面的扩散过程

由 5.4 节中湿式柔性极板表面沉积颗粒堆积形貌分析可知，其表面堆积的颗粒团聚体呈分散的球状分布，球状团聚体与团聚体间相互作用力较小。极板表面液膜浸润堆积粉尘颗粒，一方面降低了粉尘比电阻，减小了堆积颗粒所受静电力 F_e 的作用，另一方面增强了团聚体内颗粒与颗粒之间的黏结力。同时，极板表面液膜连续流动，降低了柔性极板与堆积粉尘层的黏结力。因此，湿式柔性极板表面沉积的团聚体，在液膜流动曳力 F_p 裹挟、冲刷和堆积粉尘自身重力 G 的作用下，容易从极板表面整体脱离且有效避免了二次扬尘。

5.6　本章小结

本章以干式极板静电场中颗粒物的荷电量和极板表面沉积颗粒的粒径分布为基础，研究了湿式水膜静电场中颗粒物的荷电特性及荷电颗粒在收尘极板表面的堆积形貌和粒径分布特性，并深入探讨了不同电压下两种荷电机制主导粒径范围内颗粒物在干式/湿式静电场中荷电特性的差异。结合湿式极板表面颗粒堆积形貌，以自由电子在极板表面堆积颗粒上的迁移传递过程为基础，分析了湿式水膜极板表面颗粒堆积及脱落机理，明确了极板表面水膜在颗粒物荷电、沉积、堆积和脱落过程中的作用。结果表明：

(1)湿式水膜静电除尘器的电晕电流高于干式静电除尘器。收尘极板表面液膜提高了静电除尘器的电晕放电能力，使其稳定输出较高的电晕功率。当运行电压为 15kV 时，湿式水膜极板静电场与干式极板静电场的电晕电流比值为 5.67；当运行电压为 40kV 时，电晕电流比值为 1.16。运行电压越大，干、湿极板静电场内电晕功率间的差异越小。

(2)极板表面水膜对静电场中颗粒物的荷电过程具有促进作用，其中对以扩散荷电机制为主的超细颗粒物(D_i<0.1μm)荷电量的提升效果更明显。当电压为 25kV 时，粒径小于 0.1μm 的颗粒物，相对荷电量约为 150%；当电压为 40kV 时，粒径小于 0.1μm 的颗粒物，相对荷电量约为 115%。低电压时，极板表面水膜对静电场中颗粒物荷电过程的促进作用更明显。

(3)沿烟气方向，静电除尘器实现了颗粒物的分级脱除。干式收尘极板上颗粒堆积形貌与其表面电晕电流密度分布一致：电晕电流密度较小的区域粉尘层较薄，平均粒径较大；电晕电流密度较大的区域粉尘层较厚，平均粒径较小。干式极板表面粉尘堆积密实，粉尘层厚度增加弱化了收尘极板表面颗粒堆积分布的不均匀性；湿式柔性极板表面粉尘堆积松散，堆积颗粒呈无规律的点状分布。极板表面液膜浸润堆积粉尘颗粒，降低了粉尘比电阻，减小了堆积颗粒与收尘极板间静电附着力的作用，增强了颗粒与颗粒之间的黏结力，在液膜冲刷和粉尘自重力的作用下，从极板表面呈片状自然脱离。

(4)沿模拟烟气流动方向，收尘极板 L=0cm 处，极板表面沉积的颗粒中 $PM_{2.5}$ 的含量分别为 6.11%(干式)和 16.04%(湿式)；L=200cm 处，极板表面沉积的颗粒中 $PM_{2.5}$ 的含量分别为 62.51%(干式)和 66.83%(湿式)。同一位置处，湿式水膜收尘极板表面沉积颗粒物中 $PM_{2.5}$ 的含量大于干式极板。$PM_{2.5}$ 在湿式柔性静电场中的有效迁移路径、飞行时间更短。收尘极板表面液膜的存在提高了静电场内细颗粒物的沉积效率。

第6章　水膜阳极热湿传递烟气调质效应

极板表面的液膜增加了静电场内荷电颗粒沉积区的温/湿度梯度，沉积区荷电颗粒的受力模型变得更加复杂。并且，液桥力 F_y、热泳力 F_{th}、浓度梯度力 F_c、表面张力 F_z 的出现对细颗粒物的迁移运动沉积规律产生影响。同时，极板表面液膜使其表面维持在低温状态，烟气与收尘极板之间存在温差，荷电颗粒在运动过程中会受到热泳力 F_{th} 的驱动作用向收尘极板运动。收尘极板表面液膜中的水分子在温度场、速度场和静电场的诱导下扩散进入主流烟气，水分子在扩散过程中对荷电颗粒，尤其是细颗粒物的沉积有阻碍作用。当荷电颗粒进入近壁区湿度边界层后，水分子在极板表面及颗粒物间聚集，细颗粒物在液桥力 F_y 作用下改性、吸引、团聚长大。当荷电颗粒运动到收尘极板表面时，液膜与颗粒间的表面张力 F_z 开始出现。烟气与极板表面液膜间不同的热湿交换速率导致静电场内的温度场和湿度场分布不同。本章以试验研究为主，辅以理论分析的方法，考察了热湿交换速率的主要影响因素(液膜温度、烟气温度)对静电场内温/湿度场分布的演变规律及颗粒物粒径分布和颗粒物脱除特性的影响。旨在阐明极板表面液膜中水分子蒸发趋中运动与带电水合离子趋壁运动这一矛盾在静电场内颗粒物团聚、荷电和迁移过程中呈现出作用机制的异同。同时，以不同热湿交换速率下烟气中颗粒物相互黏结形成团聚体的微观形貌为基础，探讨了颗粒物在烟气中水作用下的团聚模型及发展机制。

6.1　烟气与液膜热湿交换对细颗粒物增效脱除理论分析

湿式静电除尘器的收尘极板表面被液膜连续冲刷，水膜表面与烟气直接接触。极板表面液膜温度不同，液膜与烟气间可能只发生显热交换；也可能显热与潜热交换同时存在。因此，根据收尘极板表面液膜温度的不同，将烟气与极板表面液膜热湿交换分为两个过程，如图 6-1 所示。

1. 收尘极板表面液膜温度小于烟气温度

收尘极板表面液膜中水分子在热烟气的作用下扩散进入静电场，沿程烟气湿度增加、温度降低。同时，在极板壁面处形成湿度边界层，颗粒物进入湿度边界层后，水分子吸附在颗粒物上，对其进行改性。烟气湿度逐渐增大，水分子、颗粒物间相互作用增强，相邻细颗粒物在液桥力 F_y 的作用下形成团聚体。静电场中的颗粒物主要受到指向收尘极板表面的热泳力 F_{th} 的作用,该力对静电场内颗粒物的沉积具有促进作用。颗粒物在热泳力 F_{th} 的驱动作用下运动到液膜表面并被捕获。

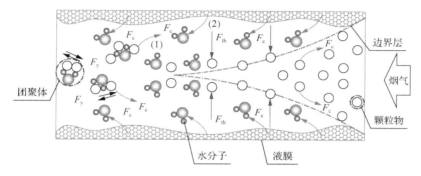

图 6-1　热湿交换过程对细颗粒物作用示意图

2. 收尘极板表面液膜温度大于烟气温度

极板表面液膜中水分子在热泳力 F_{th} 和浓度梯度力 F_c 的驱动下扩散进入静电场,烟气湿度增加,形成湿度边界层。颗粒物进入静电场中湿度边界层后,水分子吸附在颗粒物上,使其比电阻降低。同时,进入静电场中的颗粒物(细颗粒物)在热泳力 F_{th} 的驱动下向静电场中低温区运动,产生聚中运动,提高了细颗粒物间的碰撞概率。沿静电场内烟气流动方向,烟气湿度逐渐增大,水分子与颗粒物间相互作用增强。相邻细颗粒物在液桥力 F_y 的作用下形成团聚体。

收尘极板表面温度较低时,热烟气与收尘极板之间存在温差,近极板表面形成温度梯度较大的区域。荷电颗粒运动到该区域后会受到热泳力 F_{th} 的驱动作用向收尘极板液膜表面运动并沉积。由热泳力 F_{th} 引起的颗粒物的脱除率可由式(6-1)计算得到[64]:

$$\eta = 1 - \left\{ \left[T_w + (T_i - T_w)\exp(-\pi DhL/\rho QC_p) \right] / T_e \right\}^{PrK_{th}} \tag{6-1}$$

其中, T_w 为液膜温度, K; T_i 为烟气温度, K; D 为颗粒物的当量直径, m; h 为对流换热系数, W/(m^2·K); L 为静电场长度, m; ρ 为烟气密度, kg/m^3; Q 为烟气流量, m^3/s; C_p 为比定压热容, J/(kg·K); Pr 为普朗特常量; K_{th} 为热泳系数。 K_{th} 可由式(6-2)计算得到[179]:

$$K_{th} = \frac{2.294(k + 2.2Kn)C}{(1 + 3.438Kn)(1 + 2k + 4.4Kn)} \tag{6-2}$$

其中, k 为气体和颗粒导热系数的比值, $k = k_g/k_p$; Kn 为克努森数, $Kn = 2\lambda/d$; C 为坎宁安修正因子,可由式(6-3)计算得到:

$$C=1+[1.257+0.4e^{(-1.1r/\lambda)}]\lambda/r \tag{6-3}$$

收尘极板表面液膜中的水分子在温度场、速度场和静电场的诱导下扩散进入主流烟气，烟气湿度增大。静电场中水分子分别从电晕放电和细颗粒物改性两个方面强化了静电场对细颗粒物的脱除。烟气相对湿度增大，烟气中负极性水分子增多，静电场放电空间中负离子密度增加，空间静电场分布更趋均匀，击穿电压提高，强化细颗粒物荷电过程；水分子受负极性电晕线吸引非均匀附着在电晕线表面，形成水分子膜增加了电晕线表面的粗糙度，引起电晕线表面电场畸化，导致起晕电压降低。

水分子吸附在颗粒表面并在颗粒间聚集。粉尘颗粒表面形成一层低电阻导电通道，使其比电阻降低，相对介电常数提高；同时，烟气湿度增加，颗粒与颗粒、颗粒与水蒸气分子间在润湿凝聚（静态液桥力 F_{cap}）、蒸气凝结、黏性黏结（动态液桥力 F_{vis}）及分子间作用力（范德华力 F_v、静电力 F_e）作用下相互团聚的概率增大，使得小的粉体聚集成大的粉体[180, 181]。

静态液桥力 F_{cap} 主要是液膜表面张力和毛细管差压力的和。相邻颗粒间静态液桥力的几何模型示意如图 6-2 所示。静态液桥力 F_{cap} 可由式（6-4）计算得到[182]：

$$F_{cap} = 2\pi r \gamma_{gl}\left[\sin(\alpha+\theta)\sin\alpha + \frac{r}{2}\left(\frac{1}{R_1}-\frac{1}{R_2}\right)\sin^2\alpha\right] \tag{6-4}$$

其中，r 为颗粒表面间距的一半；γ_{gl} 为气液界面张力；θ 为润湿角；α 为半填充角；R_1 和 R_2 分别为颗粒粒径。

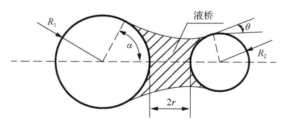

图 6-2　不等径颗粒间静态液桥力的几何模型示意图

液膜对颗粒完全润湿时，润湿角 $\theta\rightarrow0°$；两相邻的颗粒物完全接触时，半填充角 $\alpha=0°$，一般来说 $\alpha=10°\sim40°$。两等径的颗粒物之间静态液桥力 F_{cap} 可以简化为式（6-5）：

$$F_{cap} = (1.4\sim1.8)\pi\gamma_{gl}r \tag{6-5}$$

动态液桥力 F_{vis} 主要是由相邻颗粒间的相对运动引起。动态液桥力 F_{vis} 可由式 (6-6) 计算得到[183]：

$$F_{vis} = \frac{3}{2}\pi\mu R^2 \left[1 - \frac{r}{H(b)}\right]^2 \frac{1}{r}\frac{dr}{dt}$$ (6-6)

$$H(b) = r + b^2/R$$ (6-7)

其中，μ 为液体黏度；b 为颗粒的湿周周长；dr/dt 为颗粒的相对运动速度。

图 6-3 为相邻颗粒间静态液桥力、范德华力、静电力和重力的大小关系[184]。由图 6-3 可知，同一粒径颗粒间静态液桥力大于范德华力和静电力。结果表明，润湿状况（烟气相对湿度大于 65%）下，液桥黏结力在颗粒物的团聚过程中起主导作用。

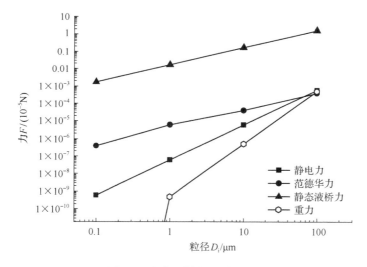

图 6-3　相邻颗粒间受力分析

6.2　试验系统及工况

烟气与极板表面液膜热湿交换对颗粒物脱除特性的试验系统如图 6-4 所示。该试验系统是在第 5 章试验系统的基础上修改完善而来，额外添加了热烟气发生系统和液膜补水加热系统。

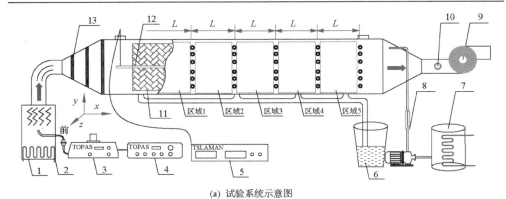

(a) 试验系统示意图

(b) 试验系统实物图

图 6-4　试验系统示意图(a)及实物图(b)

1.缓冲罐；2.烟气加热器；3.气溶胶发生器；4.静电中和器；5.高压电源；6.灰水桶；7.加热水箱；
8.流量计；9.引风机；10.采样点；11.水膜极板；12.电晕线；13.多孔板

　　热烟气发生系统主要由颗粒物发生系统和烟气加热系统组成。颗粒物发生系统与第 5 章一致，试验过程中选用的颗粒物粒径分布、形貌和成分分析分别如表 5-1 和图 5-3 所示。烟气加热系统主要由 12 根单功率为 4kW 的空气加热管组成。试验过程中模拟烟气的温度范围为 20~120℃。

　　静电除尘器的模型为水平单电晕线线筒式结构。电晕线为 RS 四齿芒刺[图 3-13(a)]，芒刺尖端正对前后收尘极板表面。收尘极由前后两块湿式柔性水膜极板(H=500mm，L=3000mm)组成。RS 四齿芒刺电晕线与收尘极板间的距离为 20cm。外置液膜补水加热系统对水膜极板表面的冲洗水进行加热，试验过程中冲洗水的温度范围为 20~80℃。极板表面冲洗水量通过流量计(LZB-10)控制。沿静电场烟气流动 x 方向将静电场划分为五个区域[图 6-4(a)]，在每个区域沿 y 方向和 z 方向分别设置 6 个和 5 个采样点[图 6-5(b)]。静电场内部温湿度和颗粒物数浓度分布的等速采样系统如图 6-5(a)所示。烟气温湿度分布采用罗卓尼克温湿度仪(HygroPalm HP22)测试得到，温湿度仪的主要技术参数如表 6-1 所示。颗粒物的粒径分布和数浓度采用 ELPI 在线测量。

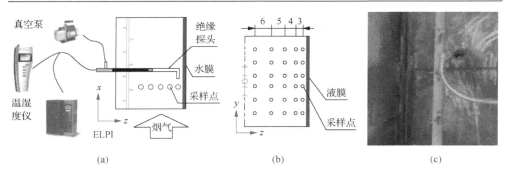

图 6-5　静电场内等速采样系统(a)、测点分布(b)和实图(c)

表 6-1　HygroPalm HP22 温湿度仪的主要参数

项目	主要参数
工作范围/℃	−10～200
测量范围/%	0～100
测量精度	±0.1℃、±0.8%

6.3　液膜热湿交换对静电场中烟气的影响

6.3.1　液膜热湿交换对烟气湿度的影响

水分子蒸发扩散进入主流烟气，使其相对湿度提高。不同液膜温度(20℃、40℃、60℃、80℃)下，静电除尘器出口烟气相对湿度与电压的关系如图 6-6 所示。

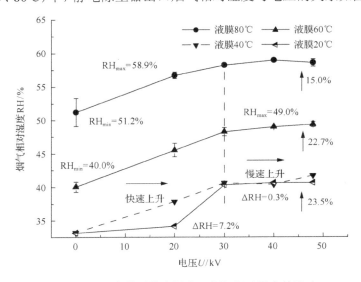

图 6-6　热湿交换对静电场出口烟气相对湿度的影响

静电场内烟气流速为 1m/s，温湿度分别为 25℃和 33%。

由图 6-6 可知，静电场内部烟气相对湿度随极板表面液膜温度的提高而增大。极板表面液膜温度为 20℃、40℃、60℃时，静电场中出口烟气的相对湿度随电压升高而增大，增大过程可分为快速上升和慢速上升两个阶段。当电压小于 30kV 时，烟气相对湿度随电压增大提升幅度较大($\Delta RH=7.2\%$，20℃)；当电压大于 30kV 时，烟气相对湿度随电压增大提升幅度较小($\Delta RH=0.3\%$，20℃)。这主要是静电场中极板表面液膜中水分子蒸发趋中运动与带电水合离子趋壁运动这一矛盾导致的。电压较低时，电场强度较小，静电场对荷电离子的捕获作用较弱，水分子在静电场的作用下加速扩散进入主流烟气，相对湿度随电压增大提升幅度较大；随着电压提高，电场强度增大，静电场对荷电离子的捕获作用增强，蒸发进入主流烟气的水合离子在静电力的作用下又重新被捕获，起到烟气除湿的作用。当液膜温度为 60℃时，烟气相对湿度随电压升高的变化幅度约为 22.7%；当液膜温度为 80℃时，烟气相对湿度随电压升高的变化幅度约为 15.0%。结果表明，液膜温度较高时，静电场出口烟气相对湿度随电压变化幅度不大。

6.3.2　液膜热湿交换对湿度场分布的影响

三个电压(0kV、20kV、40kV)下，区域 3 位置处静电场内部 yz 横截面上温湿度分布如图 6-7 所示。其中，静电场内烟气流速为 1m/s，温湿度分别为 20℃和 46%，极板表面液膜温度为 80℃，冲洗水量为 160L/h。

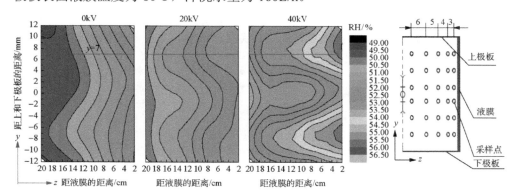

图 6-7　电压对静电场中湿度场分布的影响

由图 6-7 可知，当电压为 0kV、20kV、40kV 时，区域 3 位置处静电场内部 yz 横截面上的平均相对湿度分别为 50.8%、51.6%和 52.9%。结果表明，静电场内部烟气的相对湿度随着电压升高而增大。这主要是直流静电场作用下液膜表面与烟气间的热湿传递速率提高导致的。0kV 时，中心极线主流区相对湿度为 49.5%，极板表面液膜区相对湿度为 53.0%，中心极线主流区到极板表面液膜区相对湿度呈层流状逐渐增大，主流区与极板表面相对湿度差 ΔRH=3.5%。40kV 时，静电场中湿度场重新分布，湿度分布均匀性降低。芒刺电晕线放电尖端对应的区域相对湿度较大，芒刺光杆对应的区域相对湿度较小。中心极线主流区相对湿度为51.5%，极板表面液膜区相对湿度为 55.0%。结果表明，施加静电场后，放电空间中的相对湿度均增大；湿度场重新分布，实现了相对湿度在放电空间上的浓淡分离，芒刺尖端正对的区域中相对湿度较大。这主要是因为电晕放电集中在芒刺尖端，放电空间中的水蒸气分子在芒刺尖端的电晕外区与自由电子、气体离子迅速复合为水合负离子，并在静电力的驱动下迅速向收尘极板表面迁移。

6.3.3　液膜热湿交换过程中湿度场演变规律

图 6-8 为 yz 平面上 y=7(图 6-7)位置处 z 方向上 5 个采样点的平均相对湿度和yz 平面上 30 个采样点的相对湿度值。由图 6-8 可知，0kV 时 y=7 位置处的平均相对湿度值为 50.9%；yz 平面上 30 个采样点的相对湿度为(50.8±1.35)%。40kV 时y=7 位置处的平均相对湿度为 54.2%；yz 平面上的相对湿度为(52.9±1.58)%。对比y=7 位置处 5 个采样点的平均相对湿度值与 yz 平面上 30 个采样点的相对湿度值分布可知，二者近似相等。因此，y=7 位置处 5 个采样点的平均相对湿度可以反映 yz平面上的相对湿度。后面着重对 yz 平面上 y=7 位置处 z 方向上 5 个采样点的相对湿度进行研究，考察了不同热湿交换速率下静电场中温/湿度场分布的演变规律。

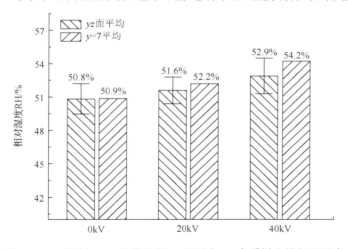

图 6-8　yz 平面上 y=7 位置处和 yz 平面上 30 个采样点的相对湿度

不同液膜温度下，收尘极板与主流烟气间热湿传递速率不同，静电场内沿程温/湿度场的演变规律不同。同时，不同液膜温度下，静电场出口烟气温度略有不同。将不同液膜温度下静电场内相对湿度转换为绝对湿度，得到静电场内湿度场的沿程演变规律如图 6-9 所示。

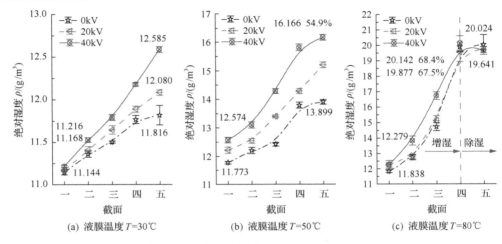

图 6-9　静电场内湿度场的沿程演变规律

由图 6-9(a)可知，0kV 时，静电场中沿程烟气的绝对湿度从 11.144g/m³(截面一)增大到 11.816g/m³(截面五)，烟气湿度提高了 6%；20kV 时，绝对湿度从 11.168g/m³(截面一)增大到12.080g/m³(截面五)，烟气湿度提高了 8.2%；40kV 时，绝对湿度从 11.216g/m³(截面一)增大到 12.585g/m³(截面五)，烟气湿度提高了 12.2%。结果表明，静电场中沿程烟气湿度逐渐增大，且运行电压越高静电场内烟气湿度越大。由图 6-9(b)可知，0kV 时，静电场中沿程烟气的绝对湿度从 11.773g/m³(截面一)增大到 13.899g/m³(截面五)，烟气湿度提高了 18.1%；40kV 时，绝对湿度从 12.574g/m³(截面一)增大到 16.166g/m³(截面五)，烟气湿度提高了 28.6%。由图 6-9(c)可知，0kV 时，静电场中沿程烟气的绝对湿度从 11.838g/m³(截面一)增大到 20.024g/m³(截面五)，烟气湿度提高了 69.2%。40kV时，静电场中沿程烟气的湿度呈先增大后降低趋势，烟气绝对湿度从 12.279g/m³(截面一)增大到 20.142g/m³(截面四)，烟气湿度提高了 64.0%；烟气湿度从 20.142g/m³(截面四)降低到 19.641g/m³(截面五)。这主要是由于外加静电场对水分子的迁移运动起两方面作用：一方面，外加静电场提高了液膜与烟气间热湿传递速率，起到烟气增湿作用；另一方面，静电场内水合负离子在静电场的作用下沉积到液膜表面，起到烟气除湿作用。大尺度热湿交换速率(ΔT=55℃)下，静电场内烟气迅速增湿，截面四处烟气相对湿度达到 68.4%，静电场的除湿作用开始起主要作用，因此截面五处烟气相对湿度低于截面四处烟气的相对湿度。对比图 6-9(a)，液膜与烟气温差 ΔT 由 5℃增大到 25℃和 55℃后，外加静电场对沿程烟气湿度变化影响变大。结果表明，液膜与烟气温差越大，静电场内部的热湿传递速率越大，外加静电场显著提高了静电场内部烟气湿度。由图 6-9(c)可知，在外加静电场烟气增湿和除湿协同作用下，静电场内沿程烟气湿度增长速率逐渐降低，并最终达到稳定状态(RH≈70%，ΔT=55℃)。

6.4　液膜热湿交换对静电场中颗粒物的影响

6.4.1　液膜热湿交换对颗粒物比电阻的影响

将筛分、烘干(105℃)后的粉煤灰放到不同相对湿度下的恒温恒湿箱中吸附至饱和，然后在 DR-3 型高压粉尘比电阻试验台上测试不同相对湿度下吸附饱和颗粒物的比电阻，如图 6-10 所示，其中吸附温度为 25℃。由图 6-10 可知，粉煤灰比电阻随相对湿度增大而降低。烟气相对湿度由 0%升高到 50%，粉尘比电阻随相对湿度增大缓慢下降；烟气相对湿度超过 50%后，粉尘比电阻随相对湿度增大迅速下降，进入快速下降阶段。相对湿度为 65%时，粉尘比电阻较相对湿度为 0%时下降了一个数量级；相对湿度为 70%时，粉尘比电阻较相对湿度为 0%时下降了两个数量级。其主要原因为，烟气中水吸附在颗粒上并在其表面形成一层低电阻导电通道，降低了粉尘比电阻。

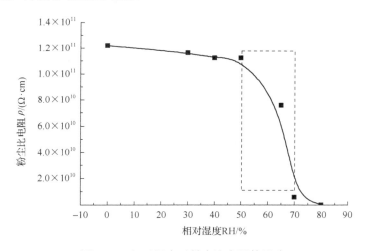

图 6-10　相对湿度对粉尘比电阻的影响

6.4.2　液膜热湿交换对颗粒物团聚特性的影响

温度差是传热的推动力，浓度差是传质的推动力。烟气与极板表面液膜间热湿交换过程中传热传质复合在一起。不同液膜与烟气温度条件下，烟气与极板表面液膜热湿交换速率不同，导致静电场内沿程烟气湿度和温度的不同，颗粒与水分子及颗粒与颗粒间碰撞概率、黏结特性不同，从而导致颗粒物间团聚特性的差异。因此，本小节主要从收尘极板表面液膜温度和烟气温度两方面研究了无外加静电场条件下静电场内颗粒的粒径演变规律。

　　调节加热水箱的温度，无外加静电场条件下，测试得到不同液膜温度(30℃、40℃、60℃、80℃)下静电除尘器出口处的颗粒物数浓度分布，如图6-11(a)和(b)所示。其中，颗粒物原始浓度为130mg/m³(90Hz)，静电场内烟气流速为1m/s，烟气温度为20℃，冲洗水量为160L/h。由图6-11(a)可知，干式极板变为湿式极板以后，静电场出口处烟气中亚微米(0~0.1μm)颗粒物的数浓度降低，颗粒物的沿程损失率增大。湿式极板表面液膜温度为40℃时，0.04μm粒径段颗粒物的数浓度较干式极板降低28.7%；极板表面液膜温度为80℃时，0.04μm粒径段颗粒物的数浓度较干式极板降低68.5%。结果表明，静电场出口烟气中小粒径段颗粒物的数浓度随极板表面液膜温度的增大而减小。由图6-11(b)可知，收尘极板表面液膜温度分别为30℃、40℃、60℃、80℃时，静电场出口烟气中1.23μm粒径段颗粒物数浓度较干式极板分别增大了5.1%、7.7%、10.1%和14.7%。干式极板变为湿式极板后，静电场出口烟气中0.4~1.2μm粒径段内颗粒物的数浓度较干式极板增大，且液膜温度越高出口烟气中该粒径段内颗粒物数浓度增长幅度越大。结果表明，含尘烟气在穿过热湿交换的静电场时，烟气中颗粒物与颗粒物在水分子的作用下会团聚并长大，引起出口烟气中小粒径颗粒物的数浓度降低，大粒径颗粒物的数浓度升高；极板表面液膜温度越高，烟气中小粒径颗粒物的数浓度越低。

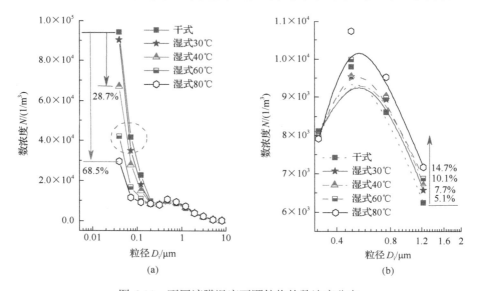

图6-11　不同液膜温度下颗粒物的数浓度分布

　　为了定量研究收尘极板表面液膜与烟气间热湿交换对颗粒物团聚特性的影响，将相同工况下，干式极板静电场出口烟气中各粒径段颗粒物的数浓度定为基准0%，得到不同液膜温度(30℃、40℃、60℃、80℃)下，静电场出口烟气中各粒径段颗粒物数浓度变化率，如图 6-12(a)所示。数浓度变化率大于 0%，表示出口烟气中颗粒物的数浓度较干式极板静电场减小；数浓度变化率小于 0%，表示出口烟气中颗粒物的数浓度较干式极板静电场增大。由图 6-12(a)可知，收尘极板表面液膜与烟气间热湿交换导致静电除尘器出口处烟气中颗粒物数浓度的重新分布，烟气中小粒径段颗粒物的数浓度降低，大粒径段颗粒物数浓度升高。各粒径段颗粒物数浓度变化率随着极板表面液膜温度的升高而增大。这主要是因为收尘极板表面液膜中水在热泳力的驱动下不断蒸发进入空间静电场，使沿程烟气相对湿度不断增大，静电场中颗粒物与水蒸气分子碰撞概率增大。小粒径颗粒物在水分子的作用下相互黏附发生团聚。因此，烟气中小粒径段颗粒物的数浓度降低，大粒径段颗粒物数浓度升高。图 6-12(b)为静电场出口烟气中含湿量和亚微米($D_i <$ 0.1μm)颗粒物沿程平均损失率与收尘极板表面液膜温度的关系。由图 6-12(b)可知，烟气温度一定时，静电场出口烟气温度、含湿量和亚微米颗粒物的沿程损失率均随极板表面液膜温度升高而增大，与极板表面液膜温度呈正相关关系。极板表面液膜温度为 80℃时，静电场出口烟气相对湿度为 63.8%，此时，静电场内亚微米颗粒物的损失率为 66.7%。

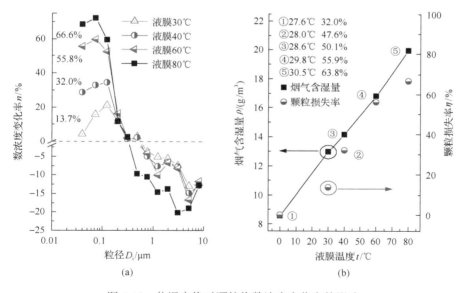

图 6-12　热湿交换对颗粒物数浓度变化率的影响

调节烟气加热器控制模拟烟气的温度为(80±3)℃，在无外加静电场条件下，测试得到不同液膜温度(30℃、40℃、50℃、60℃)下静电除尘器出口模拟烟气中颗粒物的数浓度及粒径分布。其中，颗粒物原始浓度为 130mg/m³(90Hz)，静电场内烟气流速为 1m/s。

　　图6-13(a)为无外加静电场条件下,干式和不同液膜温度下湿式水膜静电场出口处烟气中各粒径颗粒物的数浓度分布;图 6-13(b)为四种特定粒径(0.12μm、0.20μm、1.23μm、1.95μm)颗粒物的数浓度随极板表面液膜温度的变化。由图6-13(a)可知,收尘极板不同,颗粒物在穿过静电场时颗粒损失规律不同。与干式极板相比,颗粒物在穿过湿式水膜静电场时颗粒损失效率更高。由图6-13(b)可知,与干式极板相比,颗粒物穿过湿式水膜(30℃)静电场后,各粒径段颗粒物数浓度均有所下降。其中,0.12μm 颗粒物下降了 34.3%、0.20μm 颗粒物下降了 18.3%,1.95μm颗粒物下降了 5.4%。结果表明,极板表面液膜对强化颗粒物脱除具有一定效果,尤其对细颗粒物的脱除效果更加明显。其主要原因为,湿式水膜静电场的收尘极板表面被低温液膜连续冲刷,热烟气与收尘极板表面存在温差,颗粒物在热泳力的作用下向极板表面迁移并被捕获。同时,极板表面液膜中水分子不断蒸发进入静电场,使静电场中颗粒物与水分子碰撞概率增大,小粒径颗粒物在水分子的作用下发生团聚沉积。以上两方面共同作用导致极板表面液膜对强化颗粒物脱除具有一定效果。极板表面液膜温度由 30℃增长为 60℃,粒径为 0.12μm 和 0.20μm

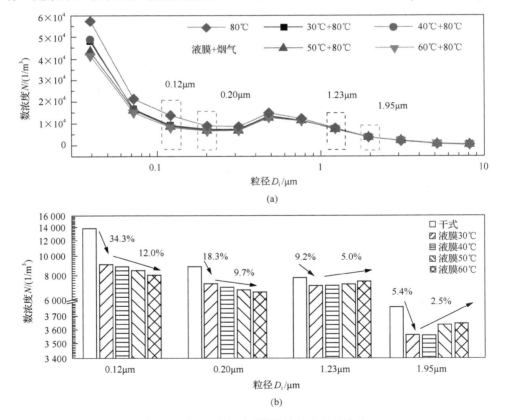

图 6-13　烟气温度对颗粒物粒径分布的影响

的颗粒物数浓度继续下降，分别下降了 12.0%和 9.7%；粒径为 1.23μm 和 1.95μm
的颗粒物数浓度开始增大，分别增大了 5.0%和 2.5%。结果表明，随着极板表面
液膜温度升高，极板表面液膜对小粒径颗粒物(0.12μm、0.20μm)脱除效果提升能
力进一步提高；极板表面液膜温度升高，液膜蒸发作用增强，在水分子的作用下，
颗粒物在穿过湿式水膜静电场时发生团聚，大粒径颗粒物(1.23μm、1.95μm)数浓
度增大。

为定量分析无外加静电场作用下，烟气温度对静电场内热湿传递过程中颗粒
物脱除和团聚特性的影响，将同一条件下，干式极板静电场后除尘器出口的颗粒
物数浓度定为基准 0%，得到不同液膜温度下静电场出口处各粒径段颗粒物数浓度
变化率，如图 6-14 所示。数浓度变化率小于 0%，表示出口烟气中颗粒物的数浓
度较干式极板静电场增大；数浓度变化率大于 0%，表示出口烟气中颗粒物的数浓
度较干式极板静电场减小。

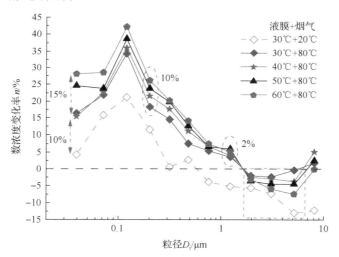

图 6-14　烟气温度对颗粒物脱除和团聚特性的影响

由图 6-14 可知，收尘极板表面液膜温度为 30℃时，不同烟气温度(20℃、80℃)
下颗粒物的相对脱除率随颗粒物粒径变化规律相同，相对脱除率随颗粒物粒径先
增大后降低；其中，小粒径(D_i<2μm)颗粒物数浓度降低，大粒径(D_i>2μm)颗粒
物数浓度增大。烟气温度为 80℃时，颗粒物穿过静电场后各粒径段的相对脱除率
比烟气温度为 20℃时高约 10%。结果表明，烟气温度较高时，收尘极板与烟气间
热湿交换引起静电场内小粒径颗粒物脱除率更高。其主要原因为，烟气温度升高，
一方面，提高了极板表面液膜蒸发速率，促进液膜内水分子进入静电场，水分子与
颗粒物间作用增强；另一方面，烟气与液膜间温差增大，颗粒物在温差的驱动下
受热泳力作用，对颗粒物的趋壁运动起促进作用。对比烟气温度为 80℃和 20℃时

大粒径颗粒物相对脱除率，发现烟气温度较高时大粒径颗粒物的数浓度增加幅度小于烟气温度较低时。换言之，烟气温度较高时，小粒径颗粒物团聚能力降低。结果表明，烟气温度较高时，小粒径颗粒物数浓度减小主要原因为热泳力对颗粒物趋壁运动的强化作用引起了细颗粒物在静电场内的沉积；烟气温度较低时，小粒径颗粒物数浓度减小主要原因为水分子与细颗粒物间相互作用引起的静电场内细颗粒物的团聚作用。热湿传递耦合作用下的颗粒物在静电场内的脱除率高于热泳力单独作用时。烟气温度为80℃时，收尘极板表面液膜温度由30℃升高为60℃，烟气与液膜间温差 ΔT 由50℃减小为20℃，颗粒物穿过静电场后各粒径段的相对脱除率均有所提高。其中，小粒径颗粒物相对脱除率提升了10%～15%，大粒径颗粒物相对脱除率提升了2%。结果表明，小粒径颗粒物对极板表面液膜温度变化比较敏感。

6.5　液膜热湿交换对静电场中颗粒物脱除特性的影响

6.5.1　液膜对静电场中颗粒物脱除特性的影响

　　干式和湿式水膜极板静电场对细颗粒物的分级脱除率如图 6-15 所示。其中，颗粒原始浓度为70mg/m³，静电场内烟气流速为1m/s、温度为20℃，极板表面液膜温度为30℃，冲洗水量为160L/h。

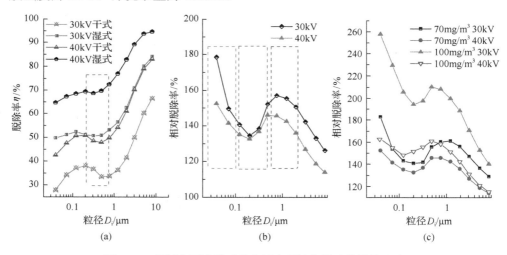

图 6-15　极板表面液膜对静电场内颗粒物脱除特性的影响

　　电压为 30kV、40kV 下干式和湿式极板对颗粒物的分级脱除率如图 6-15（a）所示。由图 6-15（a）可知，直流静电场对颗粒物的捕集效率随颗粒物粒径增大呈先增大后减小再增大的变化趋势。直流静电场对 0～0.1μm 和 0.2～0.8μm 两个粒径段的颗粒物脱除率较低，脱除率在颗粒物粒径为 0.2μm 时出现一个局部最大值。同一电压下，湿式水膜极板静电场对颗粒物的脱除率高于干式极板静电场。

为了定性分析湿式水膜极板对细颗粒物脱除率的影响，将同一工况下干式极板对细颗粒物的脱除率定为 100%，得到湿式水膜极板对细颗粒物的相对分级脱除率，如图 6-15(b)。由图 6-15(b)可知，电压为 30kV、40kV 下，各粒径段颗粒物的相对脱除率均高于 100%，说明湿式水膜极板静电场对各粒径段颗粒物的捕集效率高于干式极板静电场。颗粒物的相对脱除率随颗粒物粒径增大呈先减小后增大再减小的变化趋势。0.1~0.8μm 和 2~10μm 两个粒径段的颗粒物相对脱除率较低，颗粒物粒径为 1μm 时出现一个局部最大值。结果表明，湿式水膜极板静电场对 0~0.1μm 和 0.8~2μm 粒径段颗粒物捕集效率的提升比较明显。同一粒径下，30kV 对应的相对脱除率高于 40kV 对应的。结果表明，湿式水膜极板静电除尘器对颗粒物脱除率提升效果在电压较低时更为明显。调节气溶胶发生器的输出频率，改变烟气中颗粒物的浓度，得到不同颗粒物浓度（70mg/m³、100mg/m³）下相对脱除率与粒径的关系，如图 6-15(c)所示。同一电压下，100mg/m³ 颗粒物浓度下的相对脱除率高于 70mg/m³ 颗粒物浓度下的。结果表明，湿式水膜极板静电除尘器对颗粒物脱除率提升效果在其浓度较高时更为明显。

6.5.2　液膜温度对静电场中颗粒物脱除特性的影响

30kV 时，调节加热水箱的温度，得到不同液膜温度（30℃、40℃、60℃、80℃）下静电场对各粒径细颗粒物的分级脱除率，如图 6-16(a)所示。将同一工况下干式极板静电场对颗粒物的脱除率定为 100%，得到不同液膜温度下静电场内相对脱除率

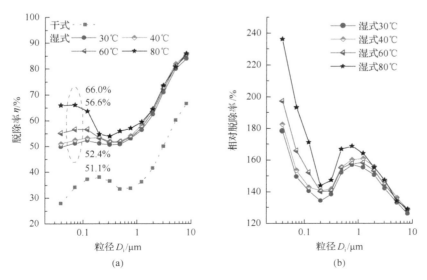

图 6-16　湿式极板表面液膜温度对静电场内颗粒物脱除特性的影响

与颗粒物粒径的关系，如图 6-16（b）所示。其中，颗粒物入口浓度为 70mg/m³，流速为 1m/s，烟气温度为 20℃。

由图 6-16（a）可知，湿式极板表面液膜温度为 30℃时，静电场内粒径为 0.07μm 颗粒物的脱除率为 51.1%；液膜温度提高为 40℃时，静电场内 0.07μm 颗粒物的脱除率提高了 1.3%；液膜温度提高为 60℃时，静电场内 0.07μm 颗粒物的脱除率提高了 5.5%；液膜温度提高为 80℃时，静电场内 0.07μm 颗粒物的脱除率提高了 14.9%。结果表明，静电场内部颗粒物的分级脱除率随极板表面液膜温度的提高而提高，其中，对亚微米粒径段（0～0.2μm）的超细颗粒物脱除效果的提高比大粒径段（1～10μm）的颗粒物更为显著。其主要原因为，静电场内部烟气相对湿度随极板表面液膜温度的提高而增大（图 6-6）。一方面，超细颗粒物粒径小、比表面积大，与烟气中水蒸气分子的有效接触面积大，吸湿速率快，对烟气湿度变化更敏感，容易出现颗粒团聚现象；另一方面，水合离子与超细颗粒物结合发生电荷转移，降低粉尘比电阻，提高了超细颗粒物的荷电量。颗粒物团聚与电荷迁移共同作用提高了超细颗粒物在湿式水膜静电场内的脱除率。

湿式水膜极板表面液膜温度增大，烟气与液膜间的温差变大（ΔT=60℃，液膜 80℃），在近壁区形成温度梯度。荷电颗粒运动迁移到该温度梯度场时，热泳力对静电场中颗粒物的趋壁运动及沉积产生阻碍作用。结果表明，收尘极板表面液膜自蒸发烟气增湿对颗粒物脱除率的提升效果大于热泳作用对荷电颗粒沉积的阻碍作用。

对比图 6-12（b）中无外加静电场条件下，不同液膜温度下亚微米超细颗粒物的损失率，液膜温度为 30℃、40℃时，施加静电场后亚微米超细颗粒物的平均脱除率由 13.7% 和 32.0% 分别提高为 51.1% 和 52.4%；液膜温度为 60℃、80℃时，施加静电场后亚微米超细颗粒物的平均脱除率由 55.8% 和 66.6% 分别变为 56.6% 和 66.0%。结果表明，极板表面液膜温度较低时，外加静电场与热湿传递过程耦合作用，提高了静电场内小粒径颗粒物的脱除率；极板表面液膜温度较高时，外加静电场与热湿传递过程耦合作用对亚微米超细颗粒物的脱除效果与热湿传递过程单独作用时一致。换言之，极板表面液膜温度较高时，热湿传递过程对静电场内亚微米超细颗粒物的脱除效果贡献更大。其主要原因为，极板表面液膜温度较低时，冷烟气与热极板间热湿交换速率较慢，施加静电场后，一方面，提高了热湿交换速率，促进极板表面液膜中水分子扩散进入烟气；另一方面，离子风及电场力对荷电离子的驱动作用，增加了烟气扰动，增加了颗粒物与颗粒物及颗粒物与水分子碰撞复合概率。极板表面液膜温度较高时，冷烟气与热极板间的热湿交换速率较快，烟气迅速增湿（图 6-6）。含尘冷烟气进入静电场后，颗粒物与颗粒物及颗粒物与水分子作用时间较短，迅速黏附团聚为粒径较大颗粒并被脱除。

6.5.3　烟气温度对静电场中颗粒物脱除特性的影响

图 6-17 为 30kV 时，不同烟气温度(20℃、80℃)下，湿式水膜静电场对不同粒径颗粒物的分级脱除率。由图 6-17 可知，极板表面液膜温度为 30℃时，烟气温度为 80℃的静电场对各粒径颗粒物的分级脱除率高于烟气温度为 20℃的静电场。其中，小粒径颗粒物(D_i<1μm)脱除率提升了 7%~17%，大粒径颗粒物(D_i>1μm)脱除效率提升了 4%~6%。结果表明，静电场内小粒径颗粒物的脱除率对热湿交换过程中烟气温度的变化更为敏感；提高烟气温度，有效提高了静电场对颗粒物的脱除率。这主要是因为烟气与极板表面液膜温差的提高，增大了静电场内热泳力对颗粒物趋壁运动的促进作用。其中，热泳力对小粒径颗粒物的作用效果更加明显。王晓华等[142]中得出烟气与极板表面温差 ΔT 为 60℃时，热泳力对小粒径颗粒脱除率提高幅度约为 5%，对大粒径颗粒脱除率提高幅度约为 3%。对比本试验，结果表明烟气与收尘极板表面热湿交换与热泳力的耦合作用下的颗粒物脱除效果优于热泳力单独作用时颗粒物的脱除效果。烟气温度为 80℃时，液膜温度由 30℃提升为 60℃，静电场内各粒径段颗粒物的脱除率均有所上升。其中，0.07μm 粒径段颗粒物的脱除率提高了 6.1%，2.00μm 粒径段颗粒物的脱除率提高了 0.7%。烟气温度为 20℃时，液膜温度由 30℃提升为 60℃，0.07μm 粒径段颗粒物的脱除率提高了 5.5%。结果表明，静电场内烟气温度较高时，极板表面液膜温度提高对静电场内颗粒物脱除率提高更明显。

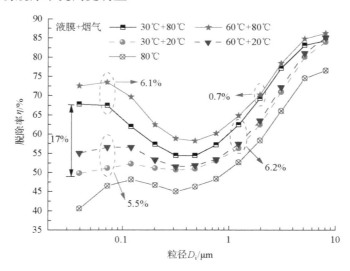

图 6-17　烟气温度对静电场内颗粒物脱除特性的影响

6.6　液膜热湿交换作用下颗粒物团聚模型

烟气与极板表面液膜热湿交换作用下，沿烟气流动方向，静电场内烟气湿度逐渐增大。烟气中水分子吸附在颗粒物上，并在相邻颗粒间隙中形成液桥，颗粒物间作用力增强，相邻颗粒物在液桥力的作用下形成团聚体。按照颗粒物粒径的不同，将团聚形成的团聚体分为三类(图 6-18)：细颗粒物间相互黏附、粗颗粒物黏附细颗粒物、粗颗粒物间相互黏附。

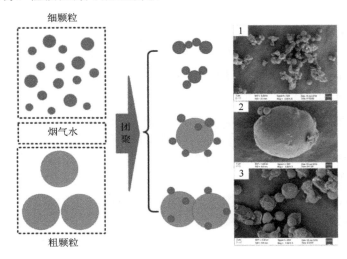

图 6-18　颗粒物团聚模型

在静电除尘器出口采样点处，用自动烟尘采样仪(青岛崂应环境科技有限公司，3012-H)对不同液膜温度(40℃、60℃、80℃)、无外加静电场条件下烟气中颗粒物进行等速取样，取样时间为 60s。合理控制取样时间以保证超细玻璃纤维滤筒内壁面单层均匀分散黏附颗粒。用 SEM 对滤筒内壁黏附的颗粒物做分析，测试得到不同热湿交换速率下颗粒物的微观表面形貌。其中，入口颗粒物浓度为 130mg/m³(90Hz)，静电场内烟气流速为 1m/s、温度为 20℃，冲洗水量为 160L/h。

不同热湿交换速率下颗粒物的微观表面形貌如图 6-19 所示。由图 6-19(a)～(c)中不同热湿交换速率下细颗粒物(D_i<1μm)的堆积形貌可知，收尘极板为干式极板时，滤筒表面黏附的细颗粒物呈单个分散状均匀分布，细颗粒表面光滑；湿式极板表面液膜温度为 40℃时，滤筒表面黏附的细颗粒物间相互黏附形成团聚体，团聚体尺寸较小(D_i≈1μm)且包含的颗粒数目较少；湿式极板表面液膜温度为 80℃时，滤筒表面黏附的细颗粒物间团聚效果更加明显，团聚形成的团聚体呈串珠状且包含的细颗粒物数目较多，团聚体尺寸更大(D_i≈3μm)、内部细颗粒间

堆积更紧实。结果表明，收尘极板表面液膜与烟气间热湿交换作用，促进了静电场中细颗粒物的团聚效果。热湿交换速率越大，静电场出口烟气中细颗粒物团聚形成的团聚体尺寸越大且相互堆积越密实。由图 6-19(d)～(f)中不同热湿交换速率下粗颗粒物($D_i > 1\mu m$)的堆积形貌可知，湿式极板表面液膜温度为 40℃时，滤筒表面黏附的粗颗粒物表面黏附细颗粒物形成团聚体($D_i \approx 1\mu m$)，相邻团聚体间独立分布且相互作用效果较弱；湿式极板表面液膜温度为 80℃时，一方面粗颗粒物表面黏附细颗粒物形成团聚体，另一方面粗颗粒物间相互黏附形成团聚体。由图 6-19(f)可知，湿式极板表面液膜温度为 80℃时，粗颗粒物表面变得粗糙。其原因可能是收尘极板与烟气热湿交换速率较大，静电场内颗粒物充分吸湿，颗粒物吸湿后，表面水溶性无机离子溶解造成其表面潮解。

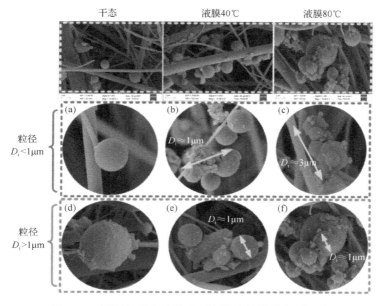

图 6-19　不同热湿交换速率下颗粒物的微观表面形貌

在收尘极板表面液膜与烟气间热湿交换过程中，不同粒径颗粒物团聚特性方面的差异主要是颗粒物吸湿特性和团聚后形成团聚体强度共同作用的结果。静电场内颗粒物中细颗粒物数浓度大，与烟气中水分子的碰撞概率大；同时，细颗粒物比表面大，增大了与烟气中水分子的接触面积，吸湿性好，对湿度比较敏感。因此，极板表面液膜温度较低时，静电场内热湿交换速率和烟气相对湿度较低。此时，细颗粒物表面被浸润，静电场内颗粒物间团聚形式主要以细颗粒物间相互黏附和细颗粒物黏附粗颗粒物形成的团聚体为主；随着极板表面液膜温度升高，静电场内热湿交换速率和烟气湿度增大，粗颗粒物表面逐渐被浸润，并开始相互黏附形成团聚体。

6.7　本章小结

本章主要研究了收尘极板表面液膜和烟气热湿交换过程中，不同极板表面液膜温度和烟气温度下静电场内温/湿度场的分布、静电除尘器出口烟气中颗粒物的粒径分布和脱除特性，明确了静电场作用下的温/湿度场分布演化规律和热湿交换过程中水对静电场内颗粒物的作用机制。同时，以不同热湿交换速率下烟气中团聚体的表面微观形貌为基础，探讨了颗粒物在烟气中水作用下的团聚模型及发展机理。结果表明：

(1)在烟气与湿式水膜极板热湿交换过程中，极板表面液膜中水分子蒸发趋中运动与带电水合离子趋壁运动相互矛盾。低电压(<30kV)时，液膜中水分子在静电场的作用下加速扩散进入烟气，烟气相对湿度随电压增大提升幅度较大(ΔRH=7.2%，20℃)；高电压(>30kV)时，静电场对带电水合离子的捕获作用增强，烟气相对湿度随电压增大提升幅度较小(ΔRH=0.3%，20℃)。施加电压后，静电场中湿度场重新分布，放电空间中相对湿度浓淡分离，芒刺尖端正对的空间区域的相对湿度较大。

(2)极板表面液膜与主流烟气间温差 ΔT 分别为 5℃、25℃、55℃时，外加电压(40kV)后，静电场出口处烟气相对湿度与入口处相比，分别提高了 12.2%、28.6%、64.0%。温差 ΔT 为 55℃时，在剧烈热湿交换条件下，阳极表面水膜湿分传递速率出现拐点，相对湿度变化开始出现负值，最终静电场内烟气与极板间热湿交换达到平衡。

(3)与干式极板静电场相比，湿式水膜极板表面液膜温度为 40℃、80℃时，出口烟气中 0.04μm 粒径段颗粒物的数浓度分别降低了 28.7%、68.5%；1.23μm 粒径段颗粒物数浓度分别提高了 7.7%、14.7%。在烟气与收尘极板表面液膜热湿交换过程中，烟气中颗粒物在水分子的作用下会团聚并长大，引起出口烟气中亚微米级 $(0<D_i<0.1\mu m)$ 颗粒物的数浓度降低，微米级 $(D_i>0.1\mu m)$ 颗粒物的数浓度升高。极板表面液膜温度越大，烟气中亚微米级颗粒物的数浓度降低幅度越大。

(4)烟气中颗粒物与水分子相互作用，颗粒物的比电阻降低、相对介电常数提高，改善了静电场内颗粒物的荷电特性。烟气相对湿度由 0%升高到 50%，粉尘比电阻随相对湿度增大缓慢下降；烟气相对湿度超过 50%后，粉尘比电阻随相对湿度增大迅速下降，粉尘比电阻进入快速下降阶段。相对湿度为 65%时，粉尘比电阻较相对湿度为 0%时下降了一个数量级；相对湿度为 70%时，粉尘比电阻较相对湿度为 0%时下降了两个数量级。

　　(5)极板表面液膜温度为 40℃时，静电场内颗粒物间团聚形式主要以细颗粒物间相互黏附和细颗粒物黏附粗颗粒物形成的团聚体为主，团聚体尺寸较小($D_i \approx 1 \mu m$)；极板表面液膜温度为 80℃时，静电场内细颗粒物间进一步黏附，形成串珠状团聚体，团聚体尺寸较大($D_i \approx 3 \mu m$)且细颗粒间堆积更紧实。同时，静电场内粗颗粒物间开始相互黏附并形成团聚体。

参 考 文 献

[1] 中华人民共和国国家统计局. 2013 中国统计年鉴[M]. 北京: 中国统计出版社, 2013.

[2] 王震. 中国能源清洁低碳化利用的战略选择[J]. 人民论坛·学术前沿, 2016, (23): 86-93.

[3] 姚明涛, 熊小平, 康он兵. 以碳排放指标为引领推动电力行业绿色低碳转型[J]. 中国能源, 2017, 39(3): 39-43.

[4] Janssen N, Schwartz J, Zanobetti A, et al. Air conditioning and source-specific particles as modifiers of the effect of PM$_{10}$ on hospital admissions for heart and lung disease[J]. Environmental Health Perspectives, 2002, 110(1): 43-47.

[5] Linares C, Diaz J. Short-term effect of concentrations of fine particulate matter on hospital admissions due to cardiovascular and respiratory causes among the over-75 age group in Madrid, Spain[J]. Public Health, 2010, 124(1): 28-36.

[6] 国家环保总局. 环境保护部发布《2016 中国环境状况公报》[EB/OL]. [2017-06-05]. http://www.mee.gov.cn/gkml/ hbb/qt/201706/t20170605_415442. htm.

[7] Yao Q, Li S Q, Xu H W, et al. Reprint of: Studies on formation and control of combustion particulate matter in China: A review[J]. Energy, 2010, 35(11): 4480-4493.

[8] 胡敏, 唐倩, 彭剑飞, 等. 我国大气颗粒物来源及特征分析[J]. 环境与可持续发展, 2011, 5: 15-19.

[9] 杨洪斌, 邹旭东, 汪宏宇, 等. 大气环境中 PM$_{2.5}$ 的研究进展与展望[J]. 气象与环境学报, 2012, 28(3): 43-47.

[10] 李立伟, 戴启立, 毕晓辉, 等. 杭州市冬季环境空气 PM$_{2.5}$ 中碳组分污染特征及来源[J]. 环境科学研究, 2017, 30(3): 340-348.

[11] Flagan R C, Seinfeld J H. Fundamentals of Air Pollution Engineering[M]. London: Academic Press, 2013.

[12] White H J. Particle charging in electrostatic precipitation[J]. Transactions of the American Institute of Electrical Engineers, 1951, 70(2): 1186-1191.

[13] 隋建才, 徐明厚, 丘纪华, 等. 燃煤过程中亚微米颗粒生成的数值模拟[J]. 动力工程, 2005, 25(3): 369-373.

[14] 靳星. 静电除尘器内细颗粒物脱除特性的技术基础研究[D]. 北京: 清华大学, 2013.

[15] Bayless D J, Alam M K, Radcliff R. Membrane-based wet electrostatic precipitation[J]. Fuel Processing Technology, 2004, 85(6): 781-798.

[16] Walker A. Operating Principles of Air Pollution Control Equipment[M]. Somerville, USA: Research-Cottrell Inc, 1968: 21-23.

[17] Jaworek A, Czech T, Rajch E, et al. Laboratory studies of back-discharge in fly ash[J]. Journal of Electrostatics, 2006, 64(5): 326-337.

[18] 祁君田, 党小庆, 张滨渭. 现代烟气除尘技术[M]. 北京: 化学工业出版社, 2008.

[19] Misaka T, Oura T, Yamazaki M. Improvement of reliability for moving electrode type electrostatic precipitator[C]. Proceeding of 10th internal conference on electrostatic precipitation, 2006.

[20] 张滨渭, 李树然. 电除尘器在超低排放下的系统运行优化[J]. 高电压技术, 2017, 43(2): 493-498.

[21] 马元坤, 秦松, 陈亮, 等. 燃煤电厂电除尘 PM$_{10}$ 和 PM$_{2.5}$ 的排放控制 V: 以 660MW 机组为例分析讨论高压电源运行优[J]. 科技导报, 2015, 33(6): 69-72.

[22] 肖创英, 王仕龙, 韩平. 燃煤电厂电除尘器超低排放升级改造[J]. 高电压技术, 2017, 43(2): 487-492.

[23] 姚刚. 燃煤可吸入颗粒物声波团聚[D]. 南京: 东南大学, 2006.

[24] Chao H, Xiu M, You S, et al. Particle agglomeration in bipolar barb agglomerator under AC electric field[J]. Plasma Science and Technology, 2015, 17(4): 317 -320.

[25] Krupa A, Jaworek A, Sobczyk A T, et al. Charged spray generation for gas cleaning applications[J]. Journal of Electrostatics, 2013, 71 (3): 260-264.

[26] 刘媛, 闫骏, 井鹏, 等. 湿式静电除尘技术研究及应用[J]. 环境科学与技术, 2014, 37 (6): 83-88.

[27] Peukert W, Wadenpohl C. Industrial separation of fine particles with difficult dust properties[J]. Powder Technology, 2001, 118 (1): 136-148.

[28] 唐敏康, 马艳玲, 郭海萍. 电袋除尘技术的研究进展[J]. 有色金属科学与工程, 2011, 2 (5): 53-56.

[29] Chang R. COHPA compacts emission equipment into smaller, denser unit[J]. Power Engineering, 1996, 100 (7): 22-25.

[30] 寿春晖, 祁志福, 谢尉扬, 等. 低低温电除尘器颗粒物脱除特性的工程应用试验研究[J]. 中国电机工程学报, 2016, 36 (16): 4326-4332.

[31] Bäck A. Enhancing ESP Efficiency for High Resistivity Fly Ash by Reducing the Flue Gas Temperature[M]. Berlin, Heidelberg: Springer, 2009: 406-411.

[32] Altman R, Offen G, Buckley P, et al. Wet electrostatic precipitation demonstrating promise for fine particulate control-part Ⅰ [J]. Power Engineering, 2001, 105 (1): 37.

[33] Altman R, Buckley W, Ray D R. Wet electrostatic precipitation demonstrating promise for fine particulate control-part Ⅱ [J]. Power Engineering, 2001, 105 (2): 42.

[34] Asakawa Y. Promotion and retardation of heat transfer by electric fields[J]. Nature, 1976, 261 (5557): 220-221.

[35] 季旭, 冷从斌, 李海丽, 等. 高压电场下玉米的干燥特性[J]. 农业工程学报, 2015, 31 (8): 264-271.

[36] Cao W, Nishiyama Y, Koide S. Electrohydrodynamic drying characteristics of wheat using high voltage electrostatic field[J]. Journal of Food Engineering, 2004, 62 (3): 209-213.

[37] Lai F C, Lai K W. EHD-enhanced drying with wire electrode[J]. Drying Technology, 2002, 20 (7): 1393-1405.

[38] 那日, 杨体强. 静电干燥特性的研究[J]. 内蒙古大学学报: 自然科学版, 1999, 30 (6): 699-705.

[39] Chen Y, Barthakur N, Arnold N. Electrohydrodynamic (EHD) drying of potato slabs[J]. Journal of Food Engineering, 1994, 23 (1): 107-119.

[40] 丁昌江. 电场对生物物料中水分子输运特性的试验及机理研究[D]. 呼和浩特: 内蒙古大学, 2004.

[41] 李法德. 食品物料通电加热及高压电场节能干燥的应用研究[D]. 北京: 中国农业大学, 2002.

[42] 夏彬. 电渗透脱水的发展和应用研究[J]. 食品科技, 2000, (5): 10-11.

[43] Fujioka N, Tsunoda Y, Sugimura A, et al. Influence of humidity on variation of ion mobility with life time in atmospheric air[J]. IEEE Transactions on Power Apparatus and Systems, 1983, (4): 911-917.

[44] Messaoudi R, Younsi A, Massines F, et al. Influence of humidity on current waveform and light emission of a low-frequency discharge controlled by a dielectric barrier[J]. IEEE Transactions on Dielectrics and Electrical Insulation, 1996, 3 (4): 537-543.

[45] Robledo A. Characteristics of DC corona discharge in humid, reduced-density air[J]. Journal of Electrostatics, 1993, 29 (2): 101-111.

[46] Wang W, Li C, Fan J, et al. The effect of temperature and humidity on corona performance of UHV DC transmission line[C]. Conference record of the 2008 IEEE international symposium on IEEE, 2008: 66-68.

[47] 安冰, 丁燕生, 王伟, 等. 湿度对电晕笼中导线直流电晕特性的影响[J]. 电网技术, 2008, 32 (24): 98-100.

[48] Fouad L, Elhazek S. Effect of humidity on positive corona discharge in a three electrode system[J]. Journal of Electrostatics, 1995, 35 (1): 21-30.

[49] 徐明铭. 空气湿度对直流电晕放电影响的研究[D]. 济南: 山东大学, 2014.

[50] Xu F, Luo Z, Bo W, et al. Experimental investigation on charging characteristics and penetration efficiency of PM$_{2.5}$ emitted from coal combustion enhanced by positive corona pulsed ESP[J]. Journal of Electrostatics, 2009, 67(5): 799-806.

[51] Jędrusik M, Swierczok A. The influence of fly ash physical and chemical properties on electrostatic precipitation process[J]. Journal of Electrostatics, 2009, 67(2): 105-109.

[52] Leonard G L, Mitchner M, Self S A. An experimental study of the electrohydrodynamic flow in electrostatic precipitators[J]. Journal of Fluid Mechanics, 1983, 127: 123-140.

[53] Miller J. The Influence of electrode geometry EHD-field and dust layer formation on fine dust efficiency of electrostatic precipitators[C]. Proc. Int. Symp. Filtration and Separation of Fine Dust, 1996.

[54] 支学艺, 蒋仲安, 唐敏康, 等. 收尘极板上沉降粉尘受力分析及二次飞扬研究[J]. 煤炭学报, 2008, 33(3): 310-313.

[55] 唐敏康, 蔡嗣经. 电收尘器中粉尘粒子的电极化研究[J]. 金属矿山, 2004, 339(9): 60-62.

[56] 柳冠青. 范德华力和静电力下的细颗粒离散动力学研究[D]. 北京: 清华大学, 2011.

[57] 靳星, 李水清, 杨萌萌, 等. 高压电场内细颗粒堆积机理研究[J]. 工程热物理学报, 2012, 33(3): 533-536.

[58] 张才前. 织物各向异性导湿性能研究[D]. 西安: 西安工程科技大学, 2005.

[59] 刘若雷, 杨瑞昌, 由长福, 等. 温度梯度场内可吸入颗粒物运动特性及热泳沉积[J]. 化工学报, 2009, 60(7): 1623-1628.

[60] Liu R, You C, Yang R, et al. Direct numerical simulation of kinematics and thermophoretic deposition of inhalable particles in turbulent duct flows[J]. Aerosol Science and Technology, 2010, 44(12): 1146-1156.

[61] Kröger C, Drossinos Y. A random-walk simulation of thermophoretic particle deposition in a turbulent boundary layer[J]. International Journal of Multiphase Flow, 2000, 26(8): 1325-1350.

[62] 付娟, 宁智, 姜大海. 热泳力作用下柴油机微粒在冷却通道中沉降规律研究[J]. 内燃机学, 2007, 25(3): 247-251.

[63] Romay F J, Takagaki S, Pui H, et al. Thermophoretic deposition of aerosol particles in turbulent pipe flow[J]. Journal of Aerosol Science, 1998, 29(8): 943-959.

[64] Wang X, You C, Liu R, et al. Particle deposition on the wall driven by turbulence, thermophoresis and particle agglomeration in channel flow[J]. Proceedings of the Combustion Institute, 2011, 33(2): 2821-2828.

[65] 耿建新, 王丽萍, 王瑞, 等. 颗粒物的凝并作用分类初探[J]. 中国资源综合利用, 2008, 26(5): 35-37.

[66] Becher R D. Fluidized bed granulation: The importance of a drying zone for the particle growth mechanism[J]. Chemical Engineering and Processing, 1998, 37: 1-6.

[67] Macdonald R, Barlow A. Work function change on monolayer adsorption[J]. The Journal of Chemical Physics, 1963, 39(2): 412-422.

[68] Ren J, Meng S. First-principles study of water on copper and noble metal (110) surfaces[J]. Physical Review B, 2008, 77(5): 054110.

[69] Nouri H. Effect of relative humidity on current—voltage characteristics of an electrostatic precipitator[J]. Journal of Electrostatics, 2012, 70(1): 20-24.

[70] Bian X, Meng X, Wang L, et al. Negative corona inception voltages in rod-plane gaps at various air pressures and humidity[J]. IEEE Transactions on Dielectrics and Electrical Insulation, 2011, 18(2): 613-619.

[71] Chang Y, Wang Y F. Adhesion of an elastic particle to a plane surface: Effects of the inertial force and the van der Waals force[J]. Colloids and Surfaces A: Physicochemical and Engineering Aspects, 1996, 111(1): 21-28.

[72] 万益. 湿式静电除尘水膜均布及细颗粒物强化脱除研究[D]. 杭州: 浙江大学, 2014.

[73] 徐纯燕, 常景彩, 王翔, 等. 亲水改性碳钢极板用于$PM_{2.5}$脱除[J]. 化工学报, 2016, 67(10): 4446-4454.

[74] 袁颖. 水雾静电格栅除尘过程的计算机模拟研究[D]. 北京: 北京化工大学, 2005.

[75] Penney G. Electrical field liquid spray dust precipitator: U.S. Patent 2357354 [P]. 1944-9-5.

[76] Pilat M J, Jaasund S A, Sparks L E. Collection of aerosol particles by electrostatic droplet spray scrubbers[J]. Environmental Science & Technology, 1974, 8(4): 360-362.

[77] Jaworek A, Balachandran W, Lackowski M, et al. Multi-nozzle electrospray system for gas cleaning processes[J]. Journal of Electrostatics, 2006, 64(3): 194-202.

[78] 崔海蓉, 杨超珍, 余盛兵, 等. 电极参数影响射流喷雾荷电量的试验研究[J]. 高电压技术, 2015, 41(12): 4042-4047.

[79] Maski D, Durairaj D. Effects of electrode voltage, liquid flow rate, and liquid properties on spray chargeability of an air-assisted electrostatic-induction spray-charging system[J]. Journal of Electrostatics, 2010, 68(2): 152-158.

[80] 周文俊, 刘开培. 两种喷雾荷电方法的机理与试验研究[J]. 华中理工大学学报, 1993, 2: 75-79.

[81] Polat M, Polat H, Chander S, et al. Characterization of airborne particles and droplets: relation to amount of airborne dust and dust collection efficiency[J]. Particle and Particle Systems Characterization, 2002, 19(1): 38-46.

[82] Staehle R C, Triscori R J, Kumar K S, et al. Wet electrostatic precipitators for high efficiency control of fine particulates and sulfuric acid mist[C]. Institute of clean air companies (ICAC) Forum, 2003.

[83] 孙建玲, 朱汉云. 蜂窝式电除尘器的参数比较与应用[J]. 冶金动力, 2004, (1): 26-27.

[84] 常景彩. 柔性集尘极应用于燃煤脱硫烟气深度净化的试验研究[D]. 济南: 山东大学, 2011.

[85] 徐纯燕. WESP阳极表面改性及润湿特性研究[D]. 济南: 山东大学, 2011.

[86] 卢越琴. 湿式静电除尘器高分子极板特性研究[D]. 北京: 华北电力大学, 2015.

[87] Tsai C, Lin G, Chen S. A parallel plate wet denuder for acidic gas measurement[J]. AICHE Journal, 2008, 54(8): 2198-2205.

[88] Reynolds J. Multi-pollutant control using membrane-based up-flow wet electrostatic precipitation[R]. Croll-reynolds clean air technologies (US), 2004.

[89] 闫全英, 刘迎云. 热质交换原理与设备[M]. 北京: 机械工业出版社, 2006.

[90] 赵玲玲, 夏军, 许崇育, 等. 水文循环模拟中蒸散发估算方法综述[J]. 地理学报, 2013, 68(1): 127-136.

[91] 闵骞. 水面蒸发计算模型研究[J]. 水利水电科技进展, 2003, 23(1): 41-44.

[92] 闵骞. 道尔顿公式风速函数的改进[J]. 水文, 2005, 25(1): 37-41.

[93] Ramadan E, Soo S L. Electrohydrodynamic secondary flow[J]. The Physics of Fluids, 1969, 12(9): 1943-1945.

[94] Cooperman P. A theory for space-charge-limited currents with application to electrical precipitation[J]. Transactions of the American Institute of Electrical Engineers, Part I: Communication and Electronics, 1960, 79(1): 47-50.

[95] 谢晶, 华泽钊. 食品在高压静电场中冻结-解冻的试验研究[J]. 食品科学, 2000, 21(11): 14-18.

[96] Singh A, Orsat V, Raghavan V. A comprehensive review on electrohydrodynamic drying and high-voltage electric field in the context of food and bioprocessing[J]. Drying Technology, 2012, 30(16): 1812-1820.

[97] Esehaghbeygi A. Effect of electrohydrodynamic and batch drying on rice fissuring[J]. Drying Technology, 2012, 30(14): 1644-1648.

[98] 丁昌江, 梁运章. 电场对含水物料中水分子作用的研究进展[J]. 物理, 2004, 33(7): 526-527.

[99] 李里特. 食品蛋白电渗透脱水机理的研究[J]. 农业工程学报, 1995, 11(3): 155-161.

[100] 李里特, 李法德. 高压静电场对蒸馏水蒸发的影响[J]. 农业工程学报, 2001, 17(2): 12-15.

[101] Peeters D. Hydrogen bonds in small water clusters: A theoretical point of view[J]. Journal of Molecular Liquids, 1995, 67: 49-61.

[102] 梁运章, 丁昌江. 高压电场干燥技术原理的电流体动力学分析[J]. 北京理工大学学报, 2005, (25): 16-19.

[103] 胥芳, 王俊. 干燥中物料内部温度水分的计算机模拟[J]. 浙江农业大学学报, 1995, 21 (2): 182-186.

[104] 丁昌江. 电场对生物物料中水分子输运特性的试验及机理研究[D]. 呼和浩特: 内蒙古大学, 2004.

[105] 孙剑锋. 高压静电场在水分蒸发和物料干燥方面的应用研究[D]. 北京: 中国农业大学, 2004.

[106] Taghian S, Havet M, Hamdami N. Drying of mushroom slices using hot air combined with an electrohydrodynamic (EHD) drying system[J]. Drying Technology, 2014, 32 (5): 597-605.

[107] Chen Y, Barthakur N. Potato slab dehydration by air ions from corona discharge[J]. International Journal of Biometeorology, 1991, 35 (2): 67-70.

[108] Hashinaga F, Kharel G, Shintani R. Effect of ordinary frequency high electric fields on evaporation and drying[J]. Food Science and Technology International, Tokyo, 1995, 1 (2): 77-81.

[109] 郭尹亮, 向晓东, 盖龄童. 芒刺电除尘器板电流密度分布及芒刺间距优化[J]. 高电压技术, 2010, 36 (4): 1021-1025.

[110] McKinney P J, Davudson J H, Leone D M. Current distributions for barbed plate-to-plane coronas[J]. IEEE Transactions on Industry Applications, 1992, 28 (6): 1424-1431.

[111] Guo B Y, Guo J, Yu A B. Simulation of the electric field in wire-plate type electrostatic precipitators[J]. Journal of Electrostatics, 2014, 72 (4): 301-310.

[112] Ieta A C, Kucerovsky Z, Greason W D. Current density modeling of a linear pin—plane array corona discharge[J]. Journal of Electrostatics, 2008, 66 (11): 589-593.

[113] Long Z, Yao Q, Song Q, et al. Three-dimensional simulation of electric field and space charge in the advanced hybrid particulate collector[J]. Journal of Electrostatics, 2009, 67 (6): 835-843.

[114] Barthakur N N. Electrohydrodynamic enhancement of evaporation from NaCl solutions[J]. Desalination, 1990, 78 (3): 455-465.

[115] Xue X, Barthakur N N, Alli I. Electrohydrodynamically-dried whey protein: An electrophoretic and differential calorimetric analysis[J]. Drying Technology, 1999, 17 (3): 467-478.

[116] 熊程程, 向飞, 吕清刚. 温度和相对湿度对褐煤干燥动力学特性的影响[J]. 化工学报, 2011, 62 (10): 2898-2904.

[117] Carlon H R, Latham J. Enhanced drying rates of wetted materials in electric fields[J]. Journal of Atmospheric and Terrestrial Physics, 1992, 54 (2): 117-118.

[118] Nikas S P, Varonos A A, Bergeles G C. Numerical simulation of the flow and the collection mechanisms inside a laboratory scale electrostatic precipitator[J]. Journal of Electrostatics, 2005, 63 (5): 423-443.

[119] Soldati A. On the effects of electrohydrodynamic flows and turbulence on aerosol transport and collection in wire-plate electrostatic precipitators[J]. Journal of Aerosol Science, 2000, 31 (3): 293-305.

[120] Barthakur N N, Bhartendu S, 毛光伶. 空气离子使水膜蒸发速率增大[J]. 气象科技, 1989, (3): 94-97.

[121] Bian X, Meng X, Wang L. Negative corona inception voltages in rod-plane gaps at various air pressures and humidities[J]. IEEE Transactions on Dielectrics and Electrical Insulation, 2011, 18 (2): 613-619.

[122] Matthews J C. The effect of weather on corona ion emission from AC high voltage power lines[J]. Atmospheric Research, 2012, 113: 68-79.

[123] 周秀骥. 高等大气物理学[M]. 北京: 气象出版社, 1991.

[124] 武占成, 张希军. 气体放电[M]. 北京: 国防工业出版社, 2012.

[125] 郑乐明. 原子物理[M]. 2 版. 北京: 北京大学出版社, 2010.

[126] Cernak M, Hosokawa T, Kobayashi S. Streamer mechanism for negative corona current pulses[J]. Journal of Applied Physics, 1998, 83(11): 5678-5690.

[127] Loeb L B. Electrical Coronas: Their Basic Physical Mechanisms[M]. Berkeley: University of California Press, 1965.

[128] Paillol J, Espel P, Reess T. Negative corona in air at atmospheric pressure due to a voltage impulse[J]. Journal of Applied Physics, 2002, 91(9): 5614-5621.

[129] Bessieres D, Paillol J, Soulem N. Negative corona triggering in air[J]. Journal of Applied Physics, 2004, 95(8): 3943-3951.

[130] Hankins D, Moskowitz J W, Stillinger F H. Water molecule interactions[J]. The Journal of Chemical Physics, 1970, 53(12): 4544-4554.

[131] Ren J, Meng S. First-principles study of water on copper and noble metal (110) surfaces[J]. Physical Review B, 2008, 77(5): 054110.

[132] 杨福家. 原子物理学[M]. 4 版. 北京: 高等教育出版社, 2008.

[133] 孙大明, 席光康. 固体的表面与界面[M]. 合肥: 安徽教育出版社, 1996.

[134] Musumeci F, PollackG H. Influence of water on the work function of certain metals[J]. Chemical Physics Letters, 2012, 536: 65-67.

[135] Lackey D, Schott J, Straehlehler B. Water adsorption on clean and caesium covered Cu (110)[J]. The Journal of Chemical Physics, 1989, 91(2): 1365-1373.

[136] 惠建峰, 关志成, 王黎明, 等. 正直流电晕特性随气压和湿度变化的研究[J]. 中国电机工程学报, 2007, 27(33): 53-58.

[137] Macdonald J, Barlow A. Work function change on monolayer adsorption[J]. The Journal of Chemical Physics, 1963, 39(2): 412-422.

[138] Schnur S, Grob A. Properties of metal—water interfaces studied from first principles[J]. New Journal of Physics, 2009, 11(12): 125003.

[139] Tassicker O J. Boundary probe for measurement of current density and electric field strength with special reference to ionized gases[J]. Proceedings of the Institution of Electrical Engineers, 1974, 121(3): 213-220.

[140] Chang J C, Dong Y, Wang Z Q. Removal of sulfuric acid aerosol in a wet electrostatic precipitator with single terylene or polypropylene collection electrodes[J]. Journal of Aerosol Science, 2011, 28(4): 544-554.

[141] 王清亮, 张璐, 李舟, 等. 空气湿度对导线电晕起始电压的影响[J]. 电力建设, 2009, (8): 38-41.

[142] 王晓华. 静电场中水对颗粒物脱除增强机理与过程[D]. 北京: 清华大学, 2013.

[143] Abdel M. Positive wire-to-plane coronas as influenced by atmospheric humidity[J]. IEEE Transactions on Industry Applications, 1985, (1): 35-40.

[144] Li C, Ebert U, Hundsdorfer W. Spatially hybrid computations for streamer discharges with generic features of pulled fronts: I. Planar fronts[J]. Journal of Computational Physics, 2010, 229(1): 200-220.

[145] Hagelaar G, Pitchford L. Solving the Boltzmann equation to obtain electron transport coefficients and rate coefficients for fluid models[J]. Plasma Sources Science and Technology, 2005, 14(4): 722.

[146] Wang Q, Economou D, Donnelly V M. Simulation of a direct current microplasma discharge in helium at atmospheric pressure[J]. Journal of Applied Physics, 2006, 100(2): 023301.

[147] 李少华, 邓杰文, 陈奇成, 等. 电除尘内阴极线负电晕放电特性[J]. 高电压技术, 2017, 43(2): 526-532.

[148] Serdyuk Y. Numerical simulations of non-thermal electrical discharges in air[J]. Lighting Electronmagnetics, 2012, 6(1): 87-138.

[149] Antao D, Staack D, Fridman A, et al. Atmospheric pressure dc corona discharges: Operating regimes and potential applications[J]. Plasma Sources Science and Technology, 2009, 18(3): 035016.

[150] 刘兴华. 基于流体-化学反应混合模型的空气放电机理及特性研究[D]. 重庆: 重庆大学, 2012.

[151] Lymberopoulos D P, Economou D J. Fluid simulations of glow discharges: Effect of metastable atoms in argon[J]. Journal of Applied Physics, 1993, 73(8): 3668-3679.

[152] Hernandez A, Alguacil J, Alonso M. Unipolar charging of nanometer aerosol particles in a corona ionizer[J]. Journal of Aerosol Science, 2003, 34(6): 733-745.

[153] Biskos G, Mastorakos E, Collings N. Monte-Carlo simulation of unipolar diffusion charging for spherical and non-spherical particles[J]. Journal of Aerosol Science, 2004, 35(6): 707-730.

[154] Arkhipenko V I, Zgirovskii S M, Kirillov A A, et al. Cathode fall parameters of a self-sustained normal glow discharge in atmospheric-pressure helium[J]. Plasma Physics Reports, 2002, 28(10): 858-865.

[155] Staack D, Farouk B, Gutsol A, et al. Characterization of a DC atmospheric pressure normal glow discharge[J]. Plasma Sources Science and Technology, 2005, 14(4): 700.

[156] Georghiou G, Papadakis A, Morrow R, et al. Numerical modelling of atmospheric pressure gas discharges leading to plasma production[J]. Journal of Physics D: Applied Physics, 2005, 38(20): R303.

[157] Choi J, Iza F, Lee J K, et al. Electron and ion kinetics in a DC microplasma at atmospheric pressure[J]. IEEE Transactions on Plasma Science, 2007, 35(5): 1274-12781.

[158] Jaworek A, Krupa A, Czech T. Modern electrostatic devices and methods for exhaust gas cleaning: a brief review[J]. Journal of Electrostatics, 2007, 65(3): 133-155.

[159] Zhang H, Lu X. A review of the methods for PM$_{2.5}$ control[J]. China Environmental Protection Industry, 2012, 25(3): 29-33.

[160] White H J. Industrial Electrostatic Precipitation[M]. New Jersey: Addison-Wesley, 1963.

[161] Hinds W. Aerosol Technology: Properties, Behavior and Measurement of Airborne Particles[M]. New Jersey: John Wiley & Sons, 2012.

[162] Jennings G. The mean free path in air[J]. Journal of Aerosol Science, 1988, 19(2): 159-166.

[163] Yu Z, Zhao M F, Ma C Y. Experimental and numerical investigations of a dynamic cyclone[J]. Proceedings of the Institution of Mechanical Engineers, Part A: Journal of Power and Energy, 2014, 228(5): 536-549.

[164] 戴丽燕, 王东军. 电除尘技术研究中的几个问题的探讨[J]. 有色矿冶, 2002, 18(3): 39-42.

[165] Marjamaki M, Keskinen J, Chen D R. Performance evaluation of the electrical low-pressure impactor (ELPI)[J]. Journal of Aerosol Science, 2000, 31(2): 249-261.

[166] Luo Z Y, Jiang J P, Zhao L. Research on the charging of fine particulate in different electric fields[J]. Proceedings of the CSEE, 2014, 34(23): 3959-3969.

[167] Yoo K H, Lee J S. Charging and collection of submicron particles in two-stage parallel-plate electrostatic precipitators[J]. Aerosol Science and Technology, 1997, 27(3): 308-323.

[168] Zhuang Y, Kim Y, Lee T. Experimental and theoretical studies of ultra-fine particle behavior in electrostatic precipitators[J]. Journal of Electrostatics, 2000, 48(3): 245-260.

[169] Ylätalo S, Hautanen J. Electrostatic precipitator penetration function for pulverized coal combustion[J]. Aerosol Science and Technology, 1998, 29(1): 17-30.

[170] Altman R, Offen G, Buckley P, et al. Wet electrostatic precipitation demonstrating promise for fine particulate control—part Ⅰ[J]. Power Engineering, 2001, 105(1): 37.

[171] Goo J H, Lee J W. Monte-Carlo simulation of turbulent deposition of charged particles in a plate-plate electrostatic precipitator[J]. Aerosol Science and Technology, 1996, 25(1): 31-45.

[172] Jędrusik M, Swierczok A. The correlation between corona current distribution and collection of fine particles in a laboratory-scale electrostatic precipitator[J]. Journal of Electrostatics, 2013, 71(3): 199-203.

[173] Miller J, Schmid H, Schmidt E. Local deposition of particles in a laboratory-scale electrostatic precipitator with barbed discharge electrodes[C]. Sixth International Conference on Electrostatic Precipitation, 1996.

[174] Wang X, Chang J, Xu C, et al. Collection and charging characteristics of particles in an electrostatic precipitator with a wet membrane collecting electrode[J]. Journal of Electrostatics, 2016, 83: 28-34.

[175] Chang Q, Zheng C, Yang Z, et al. Electric agglomeration modes of coal-fired fly-ash particles with water droplet humidification[J]. Fuel, 2017, 200: 134-145.

[176] Blanchard D, Atten P, Dumitran L M. Correlation between current density and layer structure for fine particle deposition in a laboratory electrostatic precipitator[J]. IEEE Transactions on Industry Applications, 2002, 38(3): 832-839.

[177] Oak M, Saville D, Lamb G. Particle capture on fibers in strong electric fields: I. Experimental studies of the effects of fiber charge, fiber configuration, and dendrite structure[J]. Journal of Colloid and Interface Science, 1985, 106(2): 490-501.

[178] John W. Particle-surface interactions: charge transfer, energy loss, resuspension, and deagglomeration[J]. Aerosol Science and Technology, 1995, 23(1): 2-24.

[179] Talbot L, Cheng R K, Schefer R W, et al. Thermophoresis of particles in a heated boundary layer[J]. Journal of Fluid Mechanics, 1980, 101(4): 737-758.

[180] Lian G, Thornton C, Adams M J. A theoretical study of the liquid bridge forces between two rigid spherical bodies[J]. Journal of Colloid and Interface Science, 1993, 161(1): 138-147.

[181] 肖国先. 料仓内散体流动的数值模拟研究[D]. 南京: 南京工业大学, 2004.

[182] Hotta K, Takeda K, Iinoya K. The capillary binding force of a liquid bridge[J]. Powder Technology, 1974, 10(4): 231-242.

[183] 刘海红, 李玉星, 王武昌, 等. 天然气水合物颗粒间液桥力的理论研究[J]. 天然气工业, 2013, 33(4): 109-113.

[184] 李战军, 田运生, 郑炳旭, 等. 加速粉尘凝聚减少爆破拆除扬尘的理论与实践[J]. 爆破, 2005, 22(4): 14-17.